内蒙古艺术学院国家艺术基金项目

绣锦袍襕

蒙古族礼服制作技艺传承与创新设计人才培养

曹莉　苑秀明◎主编
乌日图宝音　崔金玲　郑国华◎副主编

國家藝術基金
CHINA NATIONAL ARTS FUND

中国纺织出版社有限公司

内 容 提 要

本书为国家艺术基金“蒙古族礼服制作技艺传承与创新设计人才培养”项目的结项作品，集中展示了50位学员的服装设计作品实物照片、设计图、设计工艺说明等内容，具有鲜明的地域与民族特色，图文并茂，兼具观赏性与学术性。

本书反映了学员对民族服饰传承与创新设计的不同理解与感悟，体现出学员们尊重传统、勇于探索、敢于创新的精神面貌，适合研究蒙古族服饰设计的学者及相关读者参考使用。

图书在版编目（CIP）数据

绣锦袍襕／曹莉，苑秀明主编；乌日图宝音，崔金玲，郑国华副主编．-- 北京：中国纺织出版社有限公司，2022.3

ISBN 978-7-5180-9225-3

Ⅰ.①绣… Ⅱ.①曹… ②苑… ③乌… ④崔… ⑤郑… Ⅲ.①蒙古族－民族服饰－服装设计－作品集－中国－现代 Ⅳ.①TS941.28

中国版本图书馆CIP数据核字（2021）第264943号

责任编辑：魏 萌　谢婉津

责任校对：楼旭红　责任印制：王艳丽

中国纺织出版社有限公司出版发行

地址：北京市朝阳区百子湾东里A407号楼　邮政编码：100124

销售电话：010—67004422　传真：010—87155801

http://www.c-textilep.com

中国纺织出版社天猫旗舰店

官方微博 http://weibo.com/2119887771

北京华联印刷有限公司印刷　各地新华书店经销

2022年3月第1版第1次印刷

开本：889×1194　1/16　印张：8.5

字数：236千字　定价：98.00元

内蒙古艺术学院设计学院国家艺术基金项目组委会

主编

曹　莉　苑秀明

副主编

乌日图宝音　崔金玲　郑国华

策划单位

内蒙古艺术学院

书籍设计

张　昊

Foreword 序

李超德

国家社科重大招标项目“设计美学研究”首席专家
教育部高校美术类教学指导委员会委员
中国服装设计师协会副主席
苏州大学艺术学院教授、博士生导师、苏州大学博物馆馆长
江苏省教学名师

服饰是一面时代的镜子，折射了历史的、地域的、民族的风尚。国家文化和旅游部、财政部为深化文化体制改革，创新财政投入文化方式，推动我国艺术事业繁荣，于 2013 年成立国家艺术基金。国家艺术基金旨在繁荣艺术创作，培养艺术人才，打造和推广艺术精品力作，推进艺术事业健康发展。位于我国北疆的内蒙古艺术学院，立足内蒙古丰富的蒙古族艺术资源和深厚的民族文化积淀，依托该校扎实的民族艺术教育基础，成功获批并主办了“蒙古族礼服制作技艺传承与创新设计人才培养”2019 年度国家艺术基金人才培养资助项目，为民族服饰的传承与发展提供了支撑。

作为该项目的特聘专家，在集中培训授课环节，与该项目团队的各位老师、工作人员和 50 位学员相处中，共同见证了他们热诚、执着的工作态度，更是被他们为民族服饰产业发展付诸努力的敬业精神而深深感染。培训时间虽然短暂，但我相信通过本项目的学习与创作实践，学员们对蒙古族礼服制作技艺传承和创新设计已经有了较准确和全面的认识，进一步提升了民族特色服装服饰创新设计的理念与实践能力，进而为内蒙古的民族服饰乃至全国的民族服饰产业发展贡献一定力量。

本作品集呈现的是该项目学员集中培训学习的优秀成果，反映了大家对民族服饰传承与创新设计的不同理解与感悟，体现出学员们尊重传统、勇于探索、敢于创新的精神面貌。同时，期望该作品集的编撰与出版，能够为读者和作者间提供一次针对蒙古族礼服技艺传承与创新设计理念、方式的经验探讨与思想交流机会，进而为我国民族特色服装服饰事业的创新发展增添力量。

2020 年 7 月

Preface 前言

绣锦袍襕

蒙古族服饰是我国少数民族服饰的重要组成部分，其历史悠久、特色鲜明、文化积淀深厚。蒙古族传统礼服是蒙古族人民在民族传统节日及隆重场合穿着的礼仪性服装，在款式造型、服装材料、色彩搭配、制作工艺、装饰配饰等方面，均集中体现了蒙古族各部落服饰的特色，是蒙古族服饰艺术中的瑰宝，有着较高的艺术研究、文化传承与创新应用价值。

由国家艺术基金支持，内蒙古艺术学院主办的“蒙古族礼服制作技艺传承与创新设计人才培养”项目，目的是培养具备现代设计理念和较强创新实践能力、能够潜心研究和积极弘扬蒙古族服饰传统文化，并能够将优秀的民族服饰文化进行创新转化，服务于区域民族产业创新发展的高水平专业人才。

从项目申报、实施，到顺利完成结项工作，项目组全体成员、来自全国的各位授课专家、教授和 50 名参训学员均付出了较大努力，留下了辛勤的足迹，同时也取得了可喜成果。项目集中培训与创作实践成果以作品集的形式得以呈现，是项目组全体成员及支持本项目实施的各位专家、各位领导值得欣慰的一件事。

本项目能够取得良好成果，首先要感谢国家艺术基金管理中心对内蒙古艺术学院的大力支持与信任，同时要感谢校内外专家给予我们的极大帮助，感谢学校领导的支持和相关部门在各个方面的帮助，感谢项目组所有成员的辛勤付出。最后，还要感谢学员们的不懈努力，最终呈现出一批优秀的设计作品，为本书的出版奠定了扎实的基础。

本作品集的编撰与出版，凝聚着众多参与者的努力，见证了大家为蒙古族乃至我国的民族服饰事业发展所做的一切。项目组全体成员向大家表示由衷的感谢！

2020 年 7 月

Embroidered Gowns　绣锦袍襕

Contents

目 录

项目概况

Project Overview

传承

&

创新

项目概况

内蒙古艺术学院 1957 年建校，是内蒙古自治区唯一一所独立设置的综合性高等艺术学府。学校目前设有 4 个一级学科硕士学位、3 个专业领域艺术硕士（MFA）专业学位授权点，已开设 18 个本科专业。学校依托内蒙古自治区丰富的民族艺术资源和深厚的民族文化积淀，始终秉承坚持以培养民族艺术人才为己任的优良办学传统，为自治区培养了一大批艺术人才，被区内外誉为“民族艺术人才的摇篮”，在全国乃至国际上具有重要的影响力，形成了立足内蒙古、传承与发展以蒙古族艺术为代表的北方少数民族艺术，繁荣与弘扬草原文化的鲜明办学特色。

内蒙古艺术学院设计学院服装与服饰设计专业，是学校较早设立的本科专业之一，在 30 多年的发展建设中，该专业始终致力于现代服装与服饰设计教学和优秀传统服饰文化的保护传承，以“蒙古族传统服饰艺术传承与创新发展”为科学研究与教学实践的主要特色，形成了传统与现代、民族与时尚相融合发展的教学理念，教学与科研成果丰硕。该专业于 2008 年获批内蒙古自治区品牌专业，2018 年，服装与服饰设计教学团队获评“自治区级教学团队”，“蒙古族服饰设计特色课程建设与创新人才培养”成果获“自治区级教学成果二等奖”，“蒙古族服装造型与工艺实验室”获批“自治区级重点实验实践教学示范中心”。2020 年，内蒙古艺术学院设计学院服装与服饰设计专业被确立为国家级一流本科专业建设点。

内蒙古艺术学院设计学院承担的 2019 年度国家艺术基金人才培养资助项目“蒙古族礼服制作技艺传承与创新设计人才培养”，目标是培养能够弘扬蒙古族服饰传统文化、传承蒙古族礼服制作技艺、具有现代设计理念和一定创新实践能力、能直接服务于区域民族服饰产业发展的高水平专业人才。项目组聚焦蒙古族传统服装服饰艺术的传承与创新应用能力的培养，建立了一套完善的专业授课体系，有效保障了本次人才培养项目的成功实施和持续发展。项目从筹备申报、立项实施到顺利结项历时 1 年半，项目组成员团结协作、认真投入、全力以赴，使得项目最终取得了可喜成果。

项目组聘请了来自清华大学美术学院、北京服装学院、东华大学、苏州大学、内蒙古大学、内蒙古博物院等 20 多位知名专家、教授、“非遗”传承人进行教学，遴选的 50 名项目参培学员分别来自内蒙古、北京、山东、河南、广东、云南、广西、青海、新疆等省市自治区。项目实施过程包括理论授课、艺术考察与创作实践、成果展演三个阶段，采取集中面授、艺术考察、交流研讨、跟踪创作指导等多种形式，围绕民族传统服饰文化、蒙古族礼服传统技艺、现代礼服设计方法、民族服饰创新设计等课程进行教学。通过理论学习和创作实践，学员们对蒙古族礼服制作技艺传承和创新设计有了较准确与全面的认识，进一步提升了民族特色服饰设计理念与创新实践能力。项目培训后期，参培学员在专家的指导下，立足蒙古族服饰传统文化，注重传承与创新的有机融合，积极探索新材料、新工艺、新方法的运用，创作出了百余件既具有民族特色又适应市场发展需求的服装与服饰设计优秀作品，受到了社会的广泛关注与好评，达到了本次项目的预期效果。

II

项目团队成员

Project Team Members

项目团队成员

项目团队｜国家级一流本科专业建设点教师团队

服装与服饰设计专业是内蒙古艺术学院较早设立的本科专业之一，2008 年获批内蒙古自治区品牌专业，该专业以“蒙古族传统服饰艺术传承与创新设计发展”为科学研究与教学实践的主要特色，形成了传统与现代、民族与时尚相融合发展的教学理念，教学与科研成果丰硕。

服装与服饰设计教学团队于 2018 年获评“自治区级教学团队”，近 10 年，团队获校级以上教学成果奖 8 项，获批省级以上教研、科研项目 10 余项，其中“蒙古族服饰设计特色课程建设与创新人才培养”教学建设项目获“自治区级教学成果二等奖”，“蒙古族服装造型与工艺实验教学中心”获批“自治区级实验教学示范中心”，2020 年服装与服饰设计专业获批国家级一流本科专业建设点。

曹莉

国家艺术基金人才培养资助项目“蒙古族礼服制作技艺传承与创新设计人才培养”主持人，内蒙古艺术学院设计学院院长、教授、硕士研究生导师，内蒙古艺术学院学术委员会委员，国家级一流本科专业建设点负责人，自治区级实验教学示范中心负责人，自治区产学研示范基地负责人，自治区级教学团队带头人，2018 年获自治区级教学成果二等奖。

苑秀明

国家艺术基金人才培养资助项目“蒙古族礼服制作技艺传承与创新设计人才培养”联系人，内蒙古艺术学院设计学院服装与服饰设计系副主任，中国服装设计师协会会员，内蒙古艺术学院教坛新秀，获国家级大学生“双创”优秀指导教师奖，2018 年获自治区级教学成果二等奖。

乌日图宝音

内蒙古艺术学院设计学院服装与服饰设计系主任，副教授，中国服装设计师协会会员，内蒙古民族服装服饰协会会员，自治区级实验教学示范中心“蒙古族服装造型与工艺实验教学中心”主任，2018 年获自治区级教学成果二等奖。

包晓兰

内蒙古艺术学院教授，硕士研究生导师，内蒙古工艺美术协会常务理事，自治区级精品课《服装造型艺术设计》主持人，校级教学成果二等奖课程《蒙古族服装造型设计》带头人，2018 年获自治区级教学成果二等奖。

崔金玲

内蒙古艺术学院设计学院服装与服饰设计专业教师，中国服装设计师协会会员，获国家级大学生“双创”优秀指导教师奖，获内蒙古自治区民族教育优秀科研成果“优秀奖”，2018 年获自治区级教学成果二等奖。

康建春

原内蒙古艺术学院副教授，中国服装设计师协会会员，内蒙古美术家协会会员，鹿王羊绒服饰有限公司艺术顾问，首届“信泰杯草原文化校园服饰大赛”总监，出版教材《礼服设计与工艺制作》并获内蒙古大学艺术学院第三届科研创作优秀成果二等奖，参与“蒙古族服装造型设计课程建设”项目获内蒙古大学高等教育教学成果二等奖。

来泽峰

内蒙古艺术学院设计学院服装工艺教师，服装裁剪高级工艺师，参编多部服装制作工艺及结构设计教材，参与“蒙古族服装造型设计课程建设”等多项科研及教改课题。

专家团队

Specialist Team

李超德

苏州大学艺术学院院长，教授，博士生导师，江苏省教学名师，亚洲时尚联合会中国委员会理事，中国服装设计师协会常务理事、学术委员会主任委员，服装艺术委员会副主任，教育部美术类服装专业指导委员会副主任，中国流行色协会色彩教育委员会副主任，上海国际时尚联合会副会长，苏州画院艺术委员会副主席，被《中国纺织报》评为对中国服装设计事业产生重要影响的十位教授之一，多次应邀担任 CCTV 以及其他国际国内服装设计大赛评委。

卞向阳

服装学博士，东华大学教授，博士生导师，中国服装设计师协会副主席，上海时尚之都促进中心主任，上海纺织服饰博物馆馆长，教育部高等学校艺术学理论类教学指导委员会委员、中国服装协会专家委员会委员、国际纺织服装协会（ITAA）会员，曾经先后担任哈佛大学访问学者、帕森斯设计学院高级研究学者，享有国务院特殊津贴，教育部“新世纪优秀人才计划”“上海市浦江人才计划”获得者。

陈芳

清华大学美术学院博士，北京服装学院教授，博士生导师，2015 年入选北京市“长城学者”培养计划，任中国文物学会纺织专业委员会理事，北京市美学学会理事，任四川美术学院美术学系、湖北美术学院美术学系、燕京理工学院特聘教授，任国家图书馆、首都图书馆客座教授，曾任德国海德堡大学和英国牛津大学访问学者。

肖勇

中央美术学院设计学院教授，博士生导师，楚天学者，国际艺术设计院校联盟执行委员，国际设计联合会 ico-D 副主席，荣获“中国设计十杰”称号，设计 2008' 北京奥运奖牌，设计“从北京到伦敦”“世界大学生运动会”邮票邮品、标志等。

扎格尔

博士，教授，博士生导师，民俗学、民间文学研究者，享受国务院特殊津贴，内蒙古自治区有突出贡献的中青年专家，内蒙古自治区中青年德艺双馨文艺工作者，内蒙古自治区高等学校教学名师，内蒙古自治区优秀研究生指导教师，内蒙古师范大学民俗学、人类学学科带头人。

李树榕

内蒙古艺术学院二级教授，艺术学基础理论、艺术评论、文化资源学研究专家，享受国务院特殊津贴，内蒙古自治区教学名师，内蒙古自治区第 10、第 11、第 12 届政协常委，文化部艺术基金评委，日本东京中国文化中心、蒙古国乌兰巴托中国文化中心特聘教授。

李迎军

艺术学博士，清华大学美术学院副教授，博士生导师，中国流行色协会理事，时装艺术国际同盟会员，法国高级时装协会学校访问学者，先后受邀完成 2008' 北京奥运会制服设计，“2008' 北京奥运会吉祥物发布晚会”演出服装设计，“庆祝建国 60 周年大型音乐舞蹈史诗‘复兴之路’”服装设计，中央电视台 2011 年春节联欢晚会服装设计，2014 年北京 APEC 领导人礼仪服装设计等设计工作。

李楠

清华大学博士，首尔国立大学博士后，中国传媒大学艺术学院教授、博士生导师，中国电影博物馆论证专家，英国昶林集团高级时装设计顾问，中国服装设计师协会会员，在韩访问学者会顾问。

孙雪飞

北京服装学院教授，清华大学美术学院艺术设计学硕士，中国第 22 届“十佳”设计师，中国时装设计师协会艺术委员会委员，2010 年成立独立设计师品牌“飛梵逸爵”，2014 年以来连续在“中国国际时装周”举办个人设计专场发布，多次主持世界 500 强企业设计发布和产品研发项目。

王泽猛

苏州大学艺术学院教学委员会主任、副教授，硕士研究生导师，中国工艺美术学会会员，高级环境艺术师，亚洲环境学年奖景观类项目评委，主持山东台儿庄古城景观规划项目，济南旧城改造，微山湖山岛景观设计，莱芜雪野湖环湖景观设计等项目。

方丽英

浙江理工大学副教授，硕士研究生导师，中国服装设计师协会会员，杭州盛宏时装有限公司品牌产品开发及管理顾问，曾获美国雪鸟教育奖。

娜仁其其格

呼和浩特市万方圣驹服饰有限公司董事长及品牌创始人，著名蒙古族服饰设计师，内蒙古艺术学院设计学院特聘企业导师，中国妇女手工编织协会副会长，内蒙古妇女手工业协会会长。

陈姣熹

北京盖娅传说服饰设计有限公司高级定制主管兼高定首席设计师，国家艺术基金“中国传统服饰图案传承与创新应用设计人才培养”项目成员，作品入选 2019 年度艺术人才培养滚动资助项目并参加全国巡展。

李文爽

北京华盛锦业贸易有限公司 CEO，著名高级定制、舞台影视服装设计师，“法法”高级女装创始人，“法法”年轻设计师平台发起人和创业导师，中国年轻设计师创业大赛发起人。

兰英

正高二级工程师，原内蒙古自治区标准化院院长，全国“十佳”标准实践者，内蒙古自治区第二届优秀科技工作者，全国质量监督检验检疫系统优秀共产党员，组织编纂民族服饰标准化丛书《蒙古族服饰》。

苏婷玲

内蒙古博物院文博研究员，蒙古族服装与服饰研究专家，中国服饰协会理事，中国民族民俗协会理事，中国博物馆协会会员，内蒙古服装协会副主席。

朝乐梦

内蒙古朝乐梦文化推广有限公司董事长、设计总监，呼和浩特市土默特蒙古服饰“非遗”传承人，内蒙古女企业家协会副会长，内蒙古女企业家商会副会长，内蒙古民族服饰协会副主席，内蒙古艺术学院特聘企业导师。

郭健

国家一级舞台美术设计师，文化部 2008 年度优秀专家，中国舞台美术学会会员，内蒙古舞台美术学会名誉会长，内蒙古民族服饰协会副主席，文华舞台美术奖、全军文艺会演服装设计一等奖、中国舞台美术学会“学会奖”、全国少数民族文艺会演“最佳服装设计奖”获得者。

巴拉嘎日玛

国家级非物质文化遗产蒙古族服饰代表性传承人，受邀制作通辽市博物馆蒙古族传统刺绣服装，作品参加中国非物质文化遗产生产性保护成果大展、西部非物质文化遗产展演、上海世界博览会、内蒙古草原文化节等展览。

斯庆嘎

内蒙古斯庆嘎蒙古族服装服饰有限公司董事长、设计总监，“世界游牧民族服装联盟”会员，“成吉思汗”勋章获得者，中国蒙古族服装服饰大赛评委。

额仁其其格

自治区级非物质文化遗产项目代表性传承人，乌审旗民间文艺家协会副会长，乌审“乌仁布斯贵”刺绣团队创办人，组织发起“乌仁布斯贵”鄂尔多斯传统刺绣比赛，刺绣作品“一件绣花小和特布其”受邀参加“意象世界”国际巡展并被贝纳通学术研究基金会永久收藏。

葛丽英

内蒙古艺术学院教授，文化艺术管理学院副院长，北京大学访问学者，两岸文化创意产业高校联盟理事会理事，内蒙古汉语言文字研究会理事，自治区优秀青年知识分子，首届全国青年优秀社会科学成果奖获得者，自治区“五个一工程奖”获得者。

王光文

博士，内蒙古艺术学院教授，硕士研究生导师，内蒙古“北宸智库”专家，内蒙古文化产业研究中心副主任，内蒙古自治区“新世纪 321 人才工程”第一层次人才，内蒙古自治区第六届哲学社会科学优秀成果政府奖、全区统战理论政策研究成果一等奖获得者。

赵一东

内蒙古艺术学院教授，硕士研究生导师，中国剪纸学会会员，中国民俗学会会员，内蒙古包装技术协会会员，装饰画《赠褡裢》《乡间少女》获上海、天津、内蒙古美术摄影书法联展优秀作品奖，作品《卖碗》被天津戏剧博物馆收藏，出版专著《赵一东设计作品》《窗外看花》，论文《汉字造字法在标志设计中的信息传递》获内蒙古自治区第八届哲学社会科学优秀成果三等奖。

苏伊乐

内蒙古艺术学院教授，硕士研究生导师，中国工艺美术学会会员，中国剪纸学会会员，教育部高等学校青年骨干教师国内访问学者，作品曾获内蒙古自治区政府艺术创作“萨日纳”奖。

高俊虹

清华大学博士，内蒙古艺术学院教授，博士生导师，中国文艺评论家协会会员，内蒙古艺术学院学术委员会委员，内蒙古自治区高等学校“青年科技领军人才”，内蒙古自治区第十一届“萨日纳”奖、内蒙古自治区第五届、第七届哲学社会科学优秀成果政府奖获得者。

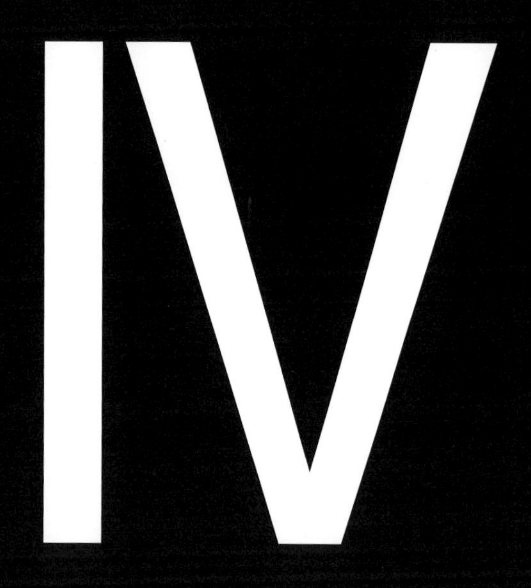

项目实施过程

Project Implementation Process

开班仪式

2019 年 6 月 22 日上午，内蒙古艺术学院设计学院举行 2019 年度国家艺术基金人才培养资助项目“蒙古族礼服制作技艺传承与创新设计人才培养”开班仪式。学校领导、行业专家、学者、蒙古族服饰“非遗”代表性传承人、国家艺术基金项目委托监督员、教师团队及全体学员参加了开班仪式。

开班仪式上，内蒙古艺术学院副院长赵林平教授代表学校向前来参加开班仪式的各位专家、学者以及长期以来关心关注蒙古族服饰制作技艺的传承与创新设计和内蒙古艺术学院事业发展的各界人士表示诚挚的感谢，并向参加培训的学员表示热烈欢迎。赵林平副院长在致辞中指出，“蒙古族礼服制作技艺传承与创新设计人才培养”是国家艺术基金 2019 年度全额资助的艺术人才培养项目，举办这次培训，旨在培养弘扬蒙古族服饰传统文化、传承蒙古族礼服制作技艺、具有一定创新设计能力、能直接服务于我国民族服饰产业与教育事业的专业人才。希望通过这次培训，大家能够相互交流、互相借鉴、学有所成，创作出更多、更好的服装服饰作品！

项目负责人曹莉教授介绍了专家团队、学员及培训计划等项目基本情况，教师代表内蒙古博物院研究员苏婷玲、学员代表关可欣分别做了发言。开班仪式结束后，全体嘉宾和培训班师生观看了蒙古族礼服时装表演，并合影留念。

● **赵林平**

内蒙古艺术学院副院长

● **曹莉**

内蒙古艺术学院设计学院院长
项目负责人

● **苏婷玲**

内蒙古博物院研究员
蒙古族服饰文化研究专家
教师代表

● **关可欣**

灵莲（北京）服装服饰品牌创始人
学员代表

授课情况

课程安排

授课专家	课程名称
葛丽英	蒙古族服饰产业现状及发展
李树榕	明德以引领社会——艺术家的时代担当（领学习近平讲话精神）
康建春	绚丽多彩的蒙古族服饰
包晓兰	蒙古族传统服饰艺术
李超德	服装的民族化与国际化
包晓兰	蒙古族现代礼服创新设计
兰英	蒙古族服饰标准解读
额仁其其格	蒙古族传统服饰技艺（刺绣）
赵一东	蒙古族传统图案艺术
赵一东	蒙古族传统图案的现代表现
苏伊乐	蒙古族传统服饰刺绣艺术
高俊虹	蒙古族传统图形的造型与审美
方丽英	礼服造型与结构
卞向阳	中国传统礼服文化与审美
苏婷玲、曹莉	博物馆中的蒙古族各部落传统服饰调研
苏婷玲	蒙古族妇女传统头饰制作技艺
康建春	蒙古族礼服设计表现技法
李文爽	服装品牌策划与营销
扎格尔	蒙古族服饰礼仪文化内涵
曹莉	内蒙古高校“非遗”文化传承与教育现状
陈姣熹	民族特色现代礼服设计方法
曹莉	蒙古族服饰材料的特色及舒适性
肖勇	设计创意和创意设计的未来性
陈芳	中国传统服饰研究方法
苏伊乐	丰富多彩的蒙古族传统服饰配饰
李迎军	“非遗”的当代性价值
李迎军	传统的当代显现——关于设计方法的案例分析
王泽猛	设计艺术的文化内涵与伦理

续表

授课专家	课程名称
郭健	蒙古族舞台服装及礼服时尚化设计
李楠	礼服文化与中国定制市场的发展民族服饰艺术传播
李楠	民族礼服设计方法与要点创新的重要性：蒙古族礼服设计的实践训练与点评
巴拉嘎日玛	蒙古族传统服饰制作技艺
斯庆嘎	蒙古族传统服饰制作技艺
康建春	蒙古族现代礼服色彩设计
娜仁其其格	蒙古族部落服装色彩设计与材料运用
王光文	“非遗”文化传承下的蒙古族礼服时尚化设计
朝乐梦	蒙古族传统服饰技艺（刺绣）
孙雪飞	少数民族风格服饰时尚化设计
孙雪飞	“非遗”手工艺的创新实践
曹莉	蒙古族服饰传统技艺传承与创新应用

注：以上专家授课顺序参照项目培训实际日程安排进行排列。

理论授课

● 东华大学卞向阳教授在授课

● 中国传媒大学李楠教授在授课

● 学员认真听课场景

● 苏州大学李超德教授在授课

● 内蒙古博物院苏婷玲老师在授课

● 浙江理工大学方丽英教授在授课

● 学员交流研讨活动场景

● 内蒙古艺术学院李树榕教授在授课

● 北京服装学院陈芳教授在授课

● 蒙古族刺绣“非遗”国家级传承人巴拉嘎日玛在授课

● 中央美术学院肖勇教授在授课

● 清华大学美术学院李迎军教授在授课

● 内蒙古民族服饰协会副主席郭健老师在授课

● 北京服装学院孙雪飞教授在授课

●“法法”服饰品牌创始人李文爽老师在授课

● 内蒙古师范大学扎格尔教授在授课

实践授课

● 学院赴内蒙古博物院进行田野考察

● 蒙古族服饰“非遗”传承人额仁其其格讲授传统工艺

● 万方圣驹服饰品牌创始人娜仁其其格老师在授课

● 师生互动讨论场景

● 蒙古族服饰“非遗”传承人斯庆嘎老师在授课

● 传统工艺实践学习场景

● 传统服饰礼仪实践课场景

● 学员们热烈交流场景

● 学员们考察民俗博物馆场景

● 艺术考察中师生互动场景

● 学员赴内蒙古标准化院调研

● 学员艺术考察场景

● 学员考察民俗博物馆场景

● 学员在认真研究传统服饰手工艺

● 学员赴内蒙古博物院调研

● 学员赴鄂尔多斯博物馆调研

学员成果

Student Achievement

卓拉

服装设计师
内蒙古师范大学服装与服饰设计专业毕业

2015 年在娜日娜工作室学习，参与童装设计制作，
2016 年在都尼亚服饰店实习，设计制作头饰，同年赴北京学习手绘服装效果图，
2018 年在阿泯娜民族服饰工作室实习，
2018 年 11 月作品《嘎鲁》获得第十五届蒙古族服饰大赛银奖，
2018 年 11 月作品《灰色》获得第十五届蒙古族服饰大赛铜奖，
2019 年作品《赛罕塔拉》获第十六届蒙古族服饰大赛银奖，同年 11 月，发表论文《蒙古族服饰元素在现代化服装设计中的运用探讨》于期刊《文艺生活》，
先后任职于斯日古楞高级定制工作室、内蒙古信泰实业有限公司，服装设计师。

学习感悟：

蒙古族服饰文化的传承和创新设计是我选择的职业道路，那些手工精湛的传统蒙古族袍服令我神往，通过此次内蒙古艺术学院国家艺术基金人才培养项目的学习，我认识到蒙古族服饰传承与创新设计的重要意义，增强了我对传统技艺和文化的兴趣和热爱，新的设计理念的学习使我受益匪浅，传承与创新要立足当代的生活、时尚审美，激发了我的创新设计灵感，也让我对自己的设计开始反思。

作品名称：

《青克尔》《查森娜》

设计说明：

蓝色礼服作品《青克尔》设计灵感源于无穷无尽的苍天和浩荡澎湃的大海，面料选用蓝色真丝素缎和渐变色的百褶雪纺纱，映射天空的纯净之美与大海的宁静豪迈。设计重点为背部、肩部、袖口以及裙摆开衩的处理，领口运用了欧根纱做双层领设计，袖口处加入了三股辫绳设计，增加服装的层次感和肌理感，裙摆处运用百褶面料，使着装者在走动时突显灵动气质。

白色礼服作品《查森娜》设计灵感源于内蒙古北方无边无际的大雪原。本次设计将传统的蒙古族盛装与现代礼服造型相结合，同时将刺绣工艺、镶边工艺运用其中，辅以手工珠饰，增加服装闪光点，服装面料运用了少量蕾丝拼接，以此来表现雪花的轻盈感。

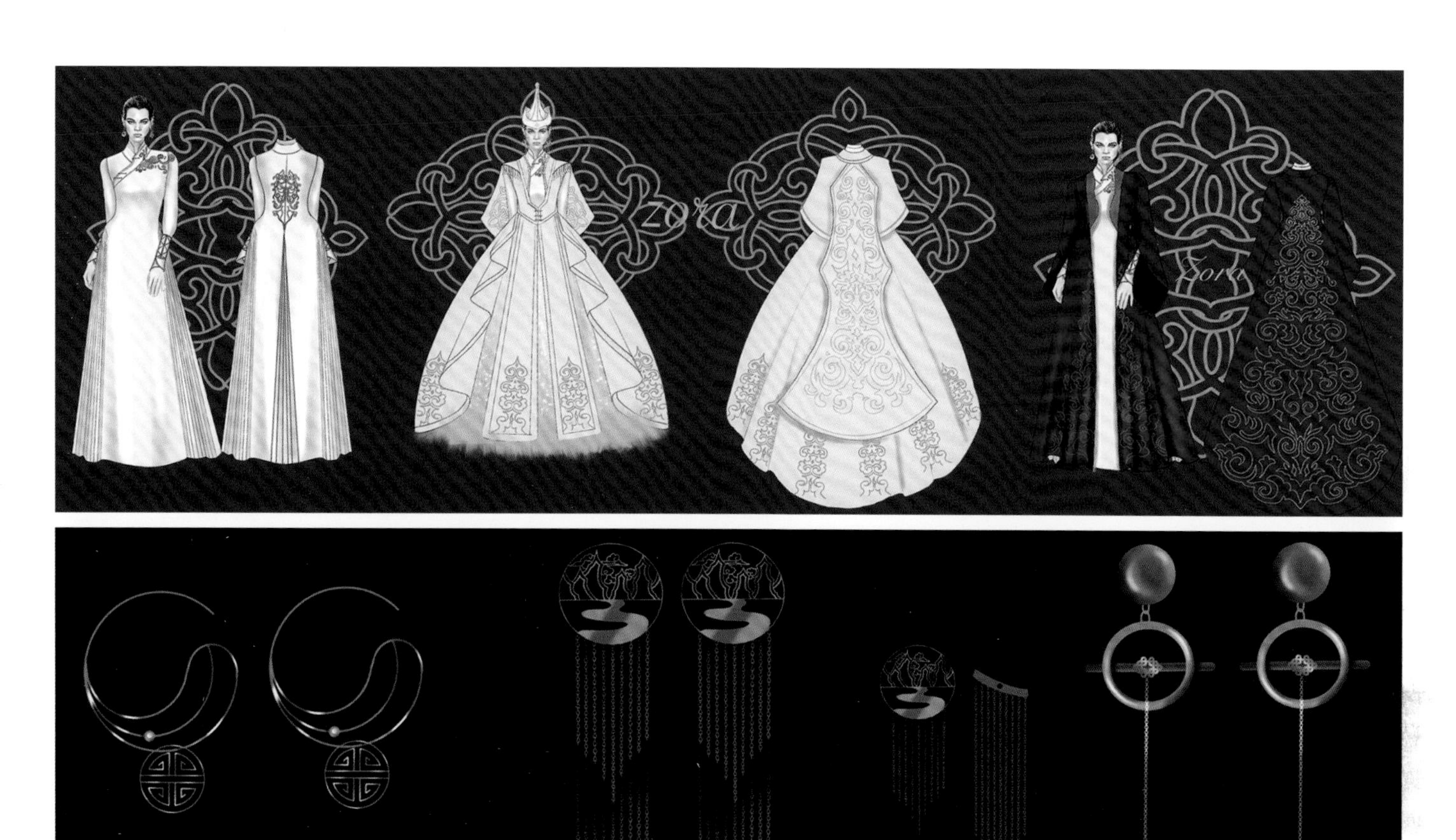
zora
Zora

玛丽雅

蒙古族服饰设计师
内蒙古南巴文化传媒有限公司创始人兼设计总监
内蒙古大学艺术学院服装与服饰设计专业毕业

2009 年获得第六届蒙古族服装服饰艺术节暨蒙古族服装服饰大赛服装设计银奖，
2009 年创立了个人服装工作室，“南巴文化传媒有限公司”，
2011 年获得第八届蒙古族服装服饰艺术节暨蒙古族服装服饰大赛服装设计银奖，
2013 年获得第十届蒙古族服装服饰艺术节暨蒙古族服装服饰大赛表演一等奖，
2014 年获得第十一届蒙古族服装服饰艺术节暨蒙古族服装服饰大赛服装设计金奖，
2015 年独立设计制作呼和浩特市大盛魁文创园蒙古族艺术博物馆北方少数民族部落服装，
2017 年参与制作内蒙古艺术学院建校 60 周年重大重点创作展演项目《元代宫廷服饰艺术再现》作品。

学习感悟：

蒙古族传统礼服承载着历史和文化，其形色之美、技艺之美、寓意之美体现着不同时期、不同地域的文化、历史，传统技艺的视觉符号和语言蕴含着蒙古族人民对生活的热爱以及深厚的游牧文化底蕴。很荣幸经历十年的创业和设计探索后，能重返课堂，参加此次国家艺术基金项目的培训，我得以开拓新知。传承的使命任重而艰巨，创新之行艰难而路远，我在十年的设计摸索中学会了更加专注，也在实践中不断自省。相信千万次付诸全心的努力，自不负韶华，不负这生我养我的草原。

作品名称：

DUULAN（《朵澜》）

设计说明：

十年的历练，使我深刻体会到传承和创新的意义，设计作品 *DUULAN*（《朵澜》）灵感源于一次草原之行的美丽邂逅。太阳在彩云后若隐若现，彩云被阳光镀上了一层香槟粉色，透过云层投射下来的光束似是礼服的裙摆，温婉的阳光与香槟粉色的礼服相映成趣。礼服图案呈现了蒙古族传统云形花纹，传统盘花工艺结合现代珠绣工艺，使图案更加立体。礼服的领子和门襟采用传统察哈尔三道边工艺，袖子和衣身选择蒙古族传统回纹装饰，腰带和马蹄袖装饰有蒙古族传统头饰的网状型珠绣。

桑萨尔

万物文化发展有限公司创始人、蒙古族服饰设计师
大连工业大学艺术与信息工程学院服装设计与工程专业毕业

2015 年 5 月作品《万物》荣获大连时装周优秀设计奖，
2018 年 8 月创立万物文化发展有限公司，致力于探索蒙古族服饰文化的传承与创新、蒙古族服饰的商业化发展。

学习感悟：

蒙古族传统服饰历史悠久，蕴涵着游牧文明的情思。我从大学毕业创业开始，就选择蒙古族服饰创新设计作为我设计梦想的起点，民族服饰文化的传承也是我的责任。参加本次国家艺术基金项目的培训活动，在学习、考察及实践过程中感悟颇深，也促使我对民族服饰设计的视角进行反思。

今后我将以此作为学习和创作的新起点，努力探索蒙古族礼服设计创新方法，创作更多传承传统文化、符合时代审美的优秀作品。

作品名称：

《万 · 云雾》

设计说明：

蒙古族对长生天的敬仰绵延了数百年，《万 · 云雾》选择以天空中瞬息万变的云朵为创作灵感，以羊羔卷绒面料诠释草原上空“云卷云舒”的形态，以此来展现蒙古族女性率真、热情与含蓄的性格特点。

志梅

锡林郭勒盟乌茏花民族文化发展有限公司总经理
锡林郭勒盟云华民族服饰发展有限公司经理、设计师
锡林郭勒盟服饰设计协会秘书长

2009 年获得锡林浩特市第六届国际游牧文化节暨草原明珠和谐锡林首届民族服饰大赛现代民族服饰一等奖和传统服饰二等奖，
2009 年获得“响沙湾”杯第六届全国蒙古族服装服饰大赛现代蒙古族服装设计三等奖，
2010 年获得第七届全国蒙古族服装服饰大赛行业工服一等奖和现代蒙古族服饰二等奖，
2011 年获得第八届全国蒙古族服装服饰大赛行业工服二等奖和现代蒙古族服饰三等奖，
2012 年获得第九届全国蒙古族服装服饰大赛现代蒙古族服饰三等奖，
2013 年获得第十届全国蒙古族服装服饰大赛现代蒙古族服饰三等奖。

学习感悟：

学习可以使人明智，能够得到一个宝贵的机会，暂时停下工作进行一段时间的学习和思考，非常难得。感谢国家艺术基金的支持和内蒙古艺术学院搭建的平台，使我第一次有机会这样近距离地和国内的专家、学者、设计师同仁们交流互动。

通过这次学习，我重新梳理和反思了对蒙古族传统服饰文化的研究和发展认识，也重新思考了自己企业未来的发展。未来，我将更加努力创作出更多与时代接轨的作品！

作品名称：

《草原云裳》

设计说明：

作品《草原云裳》灵感源于草原上多彩的云霞，服饰汲取了傍晚天边紫色、灰色和深蓝色的云霞的色彩，寓意着云霞像我们的生活一样，总是变幻莫测，充满惊喜。服饰廓型为 A 型，修饰身形比例；传统乌珠穆沁绕针绣与现代珠绣相结合，古韵中融合了创新；重磅真丝与云纹图案互相映衬，极富动感，体现了草原女子的温柔洒脱，端庄大气。

李纳

内蒙古大学创业学院教师
内蒙古大学艺术学院服装与服饰设计专业毕业
北京服装学院硕士

2011 年 9 月至 2015 年 7 月，就读于内蒙古大学艺术学院服装与服饰设计专业，在校期间，多次获得奖学金，毕业设计《静秋》获“大学生学院奖”优秀奖，获评优秀毕业设计作品，
2015 年 9 月至 2018 年 1 月，就读于北京服装学院服装设计与创新专业，获得学院优秀干部称号；多次跟随导师参与科研项目，主要参与项目有：北京青年志愿者服装设计项目、中国手工坊“苗疆系列”设计项目、青年导演个人服装设计项目等，
2017 年，论文选题《解构中国传统图案在现代女装中的应用研究》获批北京服装学院创新培养项目；同年，该论文发表于核心期刊《艺术设计研究》。

学习感悟：

很荣幸再次回到内蒙古艺术学院参加国家艺术基金“蒙古族礼服制作技艺传承与创新设计人才培养”项目，非常感谢曹莉老师、苑秀明老师给我这次学习的机会，感谢所有授课专家和工作人员。

这次学习课程安排紧凑而丰富，大致分为专家讲座、专业考察和创作实践三大模块。通过理论学习和实践探索，我对蒙古族传统服饰文化和制作技艺有了更系统、更深入的认识。本次学习，开拓了我的视野，提高了我对传统文化的热爱度，同时也激发了我的传承与创新设计意识，对我未来研究方向和设计方向的规划有了很大的启发。

作品名称：

《草原印象》

设计说明：

作品《草原印象》灵感源于草原风景。撷取绿色、土红色为服装色调，绿色是青草，土红色是大地，象征北方草原的勃勃生机。服饰图案运用了与草原文化密切相关的云纹图案与卷草图案，服装廓型尝试进行创新设计，用裤裙取代传统的裙袍样式，改变传统袖型结构线，增加泡泡袖型量感。服装设计在迎合当下审美倾向的同时，更好地展现了草原女子的飒爽英姿。

哈斯娜

皮革造型艺术设计师
内蒙古艺术学院外聘教师
内蒙古大学艺术学院艺术设计系服装与服饰设计专业硕士

2016 年 5 月作品《火焰》获得“涵天杯”印花针织服装设计大赛铜奖，
2016 年 11 月参与内蒙古艺术学院建校 60 周年重大重点创作展演项目《元代宫廷服饰艺术再现》，
2017 年 10 月至 12 月，完成元代宫廷男女服装三维立体效果在虚拟展厅场景中的 VR 展示，准备结项材料，完成结项书，
2017 年作品《生命之源》在内蒙古大学艺术学院学报 2017 年（第十四卷）第四期上发表，
2018 年 3 月作品《生命之源》在中国民族美术期刊 2018 年第 1 期（总 13 期）上发表，
2018 年 6 月作品《聆听》入选“毕业季 · 创意无限——2018 年内蒙古创意设计展”。

学习感悟：

在长时间的工作和创作中能暂停脚步得到一个宝贵的学习交流机会，真的非常幸运。在国家艺术基金人才培养项目支持下，可以有机会听到众多业内顶级专家、教授和著名设计师教授传统服饰文化的课程，可以有机会接受非物质文化遗产传承人手把手教授蒙古族服饰传统手工技艺，实在是要好好珍惜的机会。通过这次学习，重新梳理了我对传统蒙古族服饰文化的认识和研究角度，未来我会更加努力寻求皮革艺术与蒙古族服饰创新在材料与技艺融合的途径，创作更多传承文化、符合时代审美的作品。

作品名称：

《向往》

设计说明：

作品《向往》设计灵感源于蒙古族诗歌《云》，采用传统蒙古族服装造型与现代裁剪相结合的方式设计系列日礼服。服装图案运用了皮革造型中的雕刻工艺，呈现了祥云的弯绕走势、高低起伏以及层次感，再用擦染的技法来表现“云纹”微妙的色彩；贴布绣技法与服装面料相结合，体现手工制作独特的视觉效果，表达女性纯真、温柔、高贵的气质。

托迪

内蒙古自治区民族服饰协会会员
民族服饰一级设计师
厄鲁特蒙古族服装服饰呼伦贝尔市级传承人
特荣民族文化传媒有限公司创始人
蒙古国科技大学服装设计专业硕士

2014 年 8 月呼伦贝尔厄鲁特蒙古族服装作品被收集于内蒙古标准化院出版的《赏析及地方标准传承》（上 / 下册），
2018 年 10 月参加呼伦贝尔蒙古族服装服饰艺术节并获得蒙古族服饰元素休闲装一等奖、蒙古族服装服饰现代礼服一等奖、蒙古族传统服装服饰三等奖，
2018 年 11 月参加第十五届蒙古族服装服饰艺术节总决赛并获得冬季传统蒙古族服装服饰组银奖、传统蒙古族服装服饰组铜奖、蒙古族服饰元素休闲装设计制作组铜奖、蒙古族服装服饰现代礼服设计制作组铜奖。

学习感悟：

有幸参与国家艺术基金“蒙古族礼服制作技艺传承与创新设计人才培养”项目，在内蒙古艺术学院重新体验学生时代纯粹的学习生活。大师、名师们精彩的传道授业和解惑，学员们深厚的友谊和设计交流，都令我受益匪浅。

作品名称：

《溯源》

设计说明：

设计灵感源于呼伦贝尔厄鲁特蒙古族已婚女子马甲左右两侧的“布勒”（蒙语译为圆形装饰图案）。“布勒”形状多为圆形，圆在蒙语中寓意完整、圆满。服装工艺运用了最传统的蒙古族绣法之一——盘针绣。“布勒”绣在胸前，也寓意着万物源于心。服装款式设计简洁、优雅，色彩上分别采用绿色和蓝色来诠释蒙古族女性的质朴和柔美。

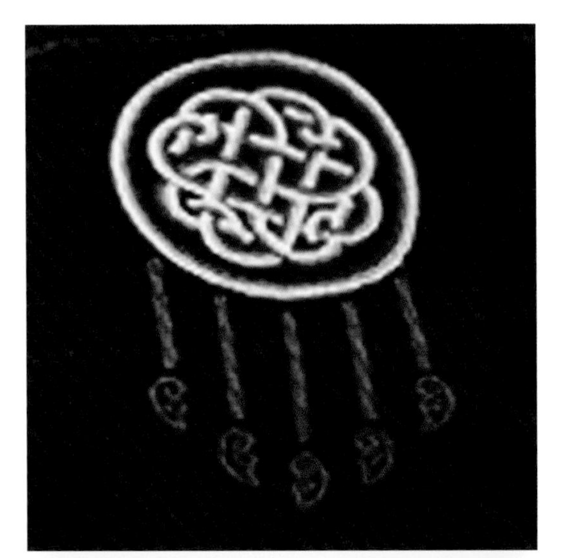

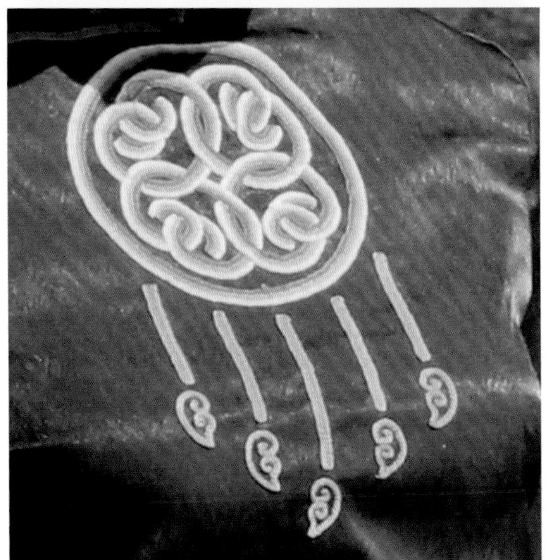

武凤至

内蒙古信泰实业有限公司服装设计师
内蒙古师范大学国际现代设计艺术学院毕业

2018 年获得第十五届蒙古族服装服饰节大赛铜奖，
2019 年毕业设计作品《宴》参加第 26 届上海国际服饰文化节、国际时尚论坛暨第 18 届环东华时装周、北京中国国际大学生时装周、内蒙古师范大学 2015 级国际现代设计艺术学院毕业动态展，
2019 年至今担任内蒙古信泰实业有限公司服装设计师。

学习感悟：

在为期数月的学习创作和培训过程中，我们大家一直都被感动着，一直都被传统文化深深吸引着，我相信每一位学员都有着非常大的收获，我认为这次学习培训举办得非常有意义，举办得非常有必要。

通过国家艺术基金的培训交流，我详尽而又系统地学习了传统蒙古族服饰从年代到部落的发展史，后续也涉猎了各个领域中的设计元素在民族服饰上的运用方法，使我在蒙古族服装设计中既能保留传统文化基因，又能开拓融合，真正做到了对蒙古族服饰文化的传承与创新。

作品名称：

《阑心》

设计说明：

作品《阑心》灵感源于蒙古族风情。主色调使用冷练的藏蓝色和柔和的藕粉色，将现代职业装与蒙古族传统服饰元素相结合。服饰图案运用了独具蒙古族地域特色的云纹图案和卷草图案；服装在廓型上打破了蒙古袍原有的传统形式，融入现代礼服样式和多样化的剪裁，使其更贴合时代特征。作品既有传统民族文化的延续性，又有吸纳世界多样文化的创新性与包容性。

阿荣高娃

内蒙古大山文化传媒有限公司设计师
内蒙古大学艺术学院服装与服饰设计专业毕业

2014～2015 年于呼和浩特市蒙元素艺术中心担任服装设计师，
2015～2017 年于鄂尔多斯市东方民族艺术团有限公司担任服装设计师，
2016 年在克什克腾旗职业技能大赛中获奖，
2017 年至今任职于内蒙古大山文化传媒有限公司。

学习感悟：

此次培训项目内容丰富多样，课程紧凑，老师讲课十分细致认真，风趣幽默。在地方从事蒙古族服饰设计多年，意识到自己在服饰文化和设计理念上的不足，非常幸运重回母校参加国家级的培训课程，几个月的学习和创作，让我收获颇多，看到了自己的不足，也打开了思维上的新视角、新观念。

作品名称：

《春花秋月》

设计说明：

作品《春花秋月》灵感源于蒙古族服饰的基本造型“蒙古袍”。服装色彩选用深蓝色，给人以静谧、祥和的感觉。款式设计的特点主要体现在前门襟处选用两种不同质感的面料裁制拼接而成。服装运用不规则编结法、连身袖、头带等具有蒙古族服饰特色的元素进行创新设计，探索传统服饰元素与现代时尚的契合点。

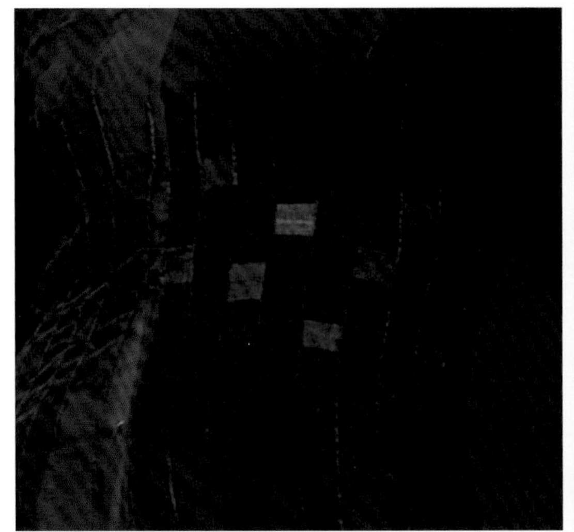

朝鲁门格日勒

内蒙古服装协会会员
锡林郭勒盟民族服饰设计协会副会长
锡林郭勒盟嘎斯乌嘎勒吉民族服饰有限公司董事长

2017 年获得“内蒙古自治区民族服饰设计大师”称号，
2012 年 8 月荣获首届八省区蒙古族服装服饰展演传统蒙古族服装服饰展演金奖，
2012 年 8 月第三届中国 · 呼和浩特少数民族文化旅游艺术节——全国少数民族地区民族服饰展演最佳组织奖，
2014 年 7 月国际蒙古族服装服饰邀请赛金奖，
2017 年第十四届蒙古族服装服饰艺术节现代服装银奖，
2019 年第十五届蒙古族服装服饰艺术节现代服装银奖。

学习感悟：

蒙古袍是蒙古族传统文化独有、直观的载体，我热爱我们的蒙古袍，醉心于“一针一线”的手工技艺，我要做的不只是几件蒙古袍的传承，更是蒙古族服装历史的传承、精神的传承。作为设计师和工艺师，在做传统民族文化传承之时，除了掌握那些传统的手工艺，记住它们的故事和含义外，更要与时俱进地适应当今时代，让那些流传千年的草原文化融入现代生活中，让更多年轻人发自内心地热爱民族服饰艺术与文化。

作品名称：

《蒙韵》

设计说明：

作品《蒙韵》的设计灵感源于草原上清澈的蓝天。服装以蓝色系作为主色调并配以红色边饰和金色图案作为点缀。在结构设计上改良了传统蒙古族服饰的裁剪方法，上衣部分收腰合体，裙摆设计则采用了鱼尾造型与不规则的拖尾造型。在工艺上运用了蒙古族传统服饰中的绗缝、盘扣、镶边等技法。

娜布庆花

内蒙古唐克斯民族服饰有限公司创始人
内蒙古东方民族演艺集团服装制作中心设计师
蒙古国国立文化艺术大学硕士

2009 年 4 月群舞《马蹄随想》服装、道具荣获第二届中国蒙古舞蹈大赛暨第二届内蒙古电视舞蹈大赛铜奖，
2015 年 9 月当代蒙古舞《敖包情缘》服饰荣获第四届中国舞蹈大赛暨第四届内蒙古电视舞蹈大赛表演金奖，
2019 年，学术论文 *CHANGES IN CLOTHING OF THE MONGOLS IN ORDOS IN THE PERIOD OF CULTURAL REVOLUTION OF PRC* 发表为蒙古国国立文化艺术大学《文化艺术书本》。

学习感悟：

我有幸参加了 2019 年度国家艺术基金“蒙古族礼服制作技艺传承与创新设计人才培养”项目。感谢国家艺术基金对此次项目的资助，感谢本次项目的各位老师的教导。感谢内蒙古艺术学院提供各项服务及设计学院工作团队的精心组织和辛苦付出。

此次培训我们每位学员都有非常大的收获。对于我个人，无论是课堂学习还是实地研究、师生互动还是所见所闻，都让我从不同的角度获得了蒙古族服饰方面的知识和技艺。让我开阔了视野，有了大胆地去创作、追求国际化、先进性服装设计理念的动力。

作品名称：

《鄂尔多斯印象》

设计说明：

作品《鄂尔多斯印象》设计灵感源于雍容华贵的鄂尔多斯鄂托克蒙古族妇女服饰。款式撷取鄂尔多斯蒙古族妇女传统袍子的高立领、连肩袖、马蹄袖、侧开衩特点，并运用了蒙古族传统纹样的卷云纹、卷草纹和珠绣手工艺装饰。头饰造型在保留传统特点的基础上进行了材料、配色和装饰形式的创新。

纳僧吉雅

纳吉雅服装工作室创始人、设计师
内蒙古大学艺术学院服装与服饰设计专业毕业

2009 年作品《乌吉斯古乐》获得“欧迪芬”杯中华元素内衣创新设计大赛优秀奖，
2009 年作品《编奏》获得中国大朗毛织服装设计大赛入围奖，
2010 年 7 月至 2017 年 4 月担任鄂尔多斯羊绒集团东泉公司工艺设计师，
2017 年 5 月创办纳吉雅服装工作室。

学习感悟：

感谢国家艺术基金对此次项目的资助，使我有幸参加培训。感谢项目的各位老师的教导。感谢我的母校内蒙古艺术学院提供的各项服务以及设计学院工作团队的辛苦付出。此次培训安排了形式多样、内容丰富的培训内容，使我受益匪浅，既开阔了视野，又提高了专业素质。

作品名称：

《凝 · 望》

设计说明：

作品《凝 · 望》以蒙古族的传统图案为灵感来源。礼服以线条的变化为亮点，运用了传统云纹、盘长纹以及蛇腹线纹。镶边、夹绳等工艺的使用，加之面料的叠加褶皱，使服装层次感更为丰富，传统服饰的精致、奢华、优雅得以用时尚现代的表现手法在服装上展示出来。

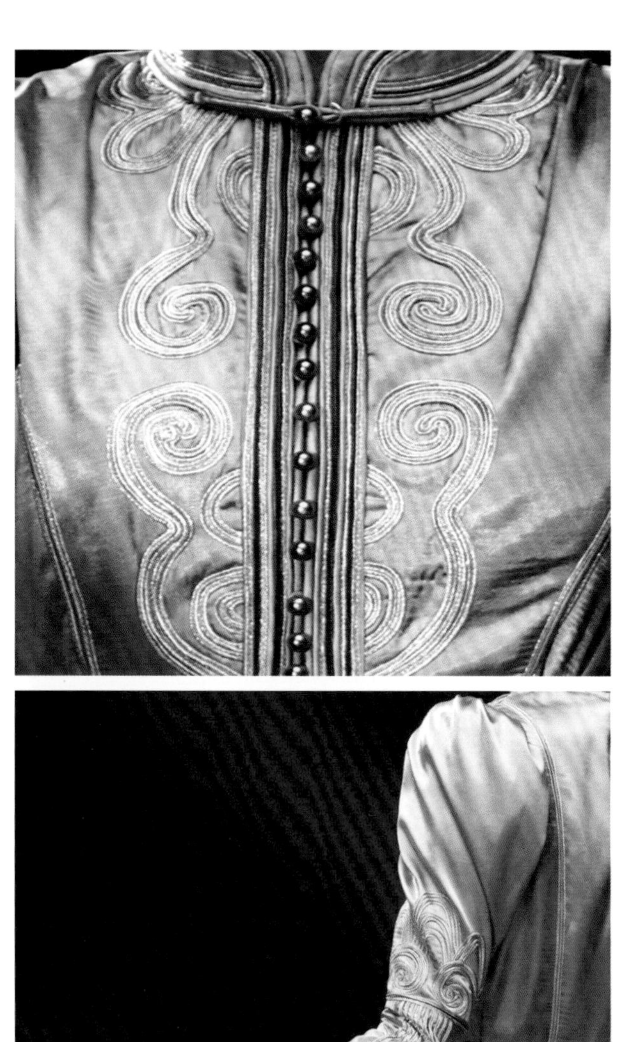

王金美

内蒙古大学创业学院教师
内蒙古工业大学硕士

2017 年 9 月主持内蒙古自治区社会科学研究课题“蒙古族服饰设计的产业化创新研究”，2014 年发表论文《羊绒织物数码印花仿平绣的图案设计》于《毛纺科技》（核心期刊），2013 年发表论文《羊绒织物仿十字绣数码印花图案设计》于《针织工业》（核心期刊）。

学习感悟：

感谢国家艺术基金对此次项目的资助，使我有幸参加培训。感谢项目的各位老师的教导，感谢组织单位内蒙古艺术学院提供的各项服务以及设计学院工作团队的辛苦付出。

此次培训安排了形式多样、内容丰富的培训内容，整个培训下来，我受益匪浅，既开阔了视野，又提高了专业素质，总的体会有以下几点：1. 项目中各位老师在各自的领域里科研水平都很高，项目培训中受益匪浅，个人能有幸参与进来特别开心。授人以鱼不如授人以渔，能看出来各位老师的真诚，总是想在有限的时间内，教会我们更多的有关蒙古族礼服设计的知识。2. 培训安排了很多实践类型的课程，比如蒙古族刺绣课，蒙古族服饰的工艺制作，项目组提供场地、实验设备，并请来非常专业的老师，这种机会、经历弥足珍贵。3. 项目组的学员们都非常优秀，和他们一起学习，整个过程相处得特别融洽。有很多已经是高校服装设计教育界的精英，也有很多特别厉害的民族服饰设计师，经过 3 个月的相处和共同学习，我从他们身上学到了很多东西。4. 还有一种体会是项目时间太短暂了，收获却太多了。感觉意犹未尽。老师们、学员们都非常优秀，还想继续跟着大家一起学习，一起进步，了解更多的蒙古族服饰设计的知识。如果以后还有这样的机会，一定会努力争取！

作品名称：

《牧歌云裳》

设计说明：

作品《牧歌云裳》灵感源于草原雨后的天空。雨后灰蓝深邃的天空，是本系列服装的主要色调。面料采用具有华丽光泽的天鹅绒及经过特殊染色处理和压褶处理的同色系纱、缎。服饰图案运用蒙古族传统的云纹图案，在马蹄袖以及肩部的位置进行刺绣。大襟处运用传统蒙古族镶边工艺，增加服装的华丽、高档感。

阿腾苏和

浩斯蒙高丽民族服饰工作室创始人、设计师
内蒙古鄂尔多斯市乌审旗职业中学教师
内蒙古大学艺术学院服装与服饰设计专业毕业

2005 年荣获内蒙古大学艺术学院首届“哥弟服饰搭配”比赛三等奖，
2005 年获得中国大朗杯针织服装设计大赛优秀奖，
2009～2012 年在呼和浩特市创办独立民族服装工作室，
2017 年作品《华丽的盛装》获首届乌审旗民族服装设计大赛二等奖，
2017 年获得乌审旗创新创业技能大赛民族服饰展示项目一等奖，
2017 年获得鄂尔多斯市职业院校民族服装设计技能大赛三等奖。

学习感悟：

很幸运能参加国家艺术基金“蒙古族礼服制作技艺传承与创新设计人才培养”项目，毕业多年后能重新回到课堂学习，我十分珍惜这次机会，感谢母校和老师们！

2009 年毕业后我选择了回到乌审旗，一个历史悠久、文化积淀深厚的小县城，开始我的蒙古族服饰设计事业，创办了自己的民族服饰工作室，同时在乌审旗职业中学开展蒙古族服饰文化教育工作。十年的努力，我认识到文化传承的急迫性，也遇到创新设计思维的瓶颈，国家艺术基金项目，给了我进一步提升自己的机会。

本次学习安排合理，有集中授课、专题讲座、专业考察、设计交流、创作实践，通过理论学习和实践探索，我对蒙古族服饰文化有了更系统、更新的认识。同时开阔了视野，提高了设计传承与创新设计的思维能力。我相信机遇是给有准备、努力的人。

作品名称：

《华丽的盛装》

设计说明：

服装灵感源于元代服饰“袄”的款式特点，将袄的特征与现代礼服设计相融合，运用辫线、金线缝制、褶皱、镶边等传统工艺手法。服装以赭石色缎面为主面料，金色粗线缝制云纹做点缀，结合棉麻、欧根纱等材质突出服装整体的层次感，从而彰显服饰的华丽与精致。

郝媛媛

帽饰设计师
包头轻工职业技术学院教师
西安工程大学艺术设计服装设计专业毕业

2014 年 11 月手工作品《凤冠》获得包头市妇女艺术作品比赛优秀奖，
2015 年参与设计制作姜月辉个人秀的帽饰、参与设计制作江苏卫视《蒙面歌王》歌手的蒙面头饰、参与设计制作胡社光苏州虎丘婚纱城发布会帽饰、参与制作赵梁导演《双下山》女主角头饰，
2017 年参与制作内蒙古自治区成立 70 周年大庆赤峰、通辽、呼伦贝尔代表队帽饰，
2017 年为著名服装设计师刘薇设计制作青岛时装周的鹿角头饰，
2017 年成立民族传统技艺工作室，
2018 年 8 月获得第十五届中国内蒙古草原文化节首届蒙古族时装与帽饰设计大赛婚礼服一等奖，
2018 年 9 月中旬获奖服装作品参加内蒙古自治区妇联赴法国卢浮宫的展演。

学习感悟：

“蒙古族礼服制作技艺传承与创新设计人才培养”国家艺术基金项目，让我有机会与从事蒙古族服饰设计和教育的业内人士聚集一堂畅谈蒙古族服饰的传承与创新设计，使我们从同行变成相互帮助和支持的朋友。

因为内蒙古艺术学院的平台、组织与凝聚，我收获的不仅是专家授课的知识，更多的是关于蒙古族服饰传承与创新方向的思考。

时代需要我们自己的文化和自信，作为教育工作者，在课堂和设计工作中，我要致力于挖掘我们自己服饰文化的历史底蕴，讲好我们自己的时尚文化。

作品名称：

《菀灵》

设计说明：

作品《菀灵》灵感源于蒙古族的草原情怀。系列礼服选择蒙古族崇敬的蓝色为主色调，与现代礼服中的珠绣结合，展现出蒙古族礼服的华贵典雅。服饰图案运用了独具蒙古族地域特色的云纹图案，繁简得当，松紧有致。服装廓型打破传统袍式形制，创新加入现代礼服元素鱼尾造型，既体现蒙古族女性的飒爽英姿，又展现出现代女性的柔美知性。

阿依西・巴登

巴音赛尔蒙古服饰店创始人、设计师

2011 年作品获得中国第七届蒙古族服装服饰大赛蒙古族职业服装设计三等奖，
2016 年 2 月创办和布克赛尔蒙古自治县蒙古族服饰合作社“阿诺民族手工艺品专业合作社”。

学习感悟：

来自新疆和布克赛尔蒙古自治县的我有幸参加为期 3 个月的培训、学习和创作，首先要感谢国家艺术基金对此次项目的资助，感谢各位老师的教导和鼓励。同时非常感谢内蒙古艺术学院提供的各项服务以及帮助。

此次培训安排了形式多样、内容丰富的培训内容，通过学习，我更加了解蒙古族服饰文化及发展变化历程。这些专业知识对于今后蒙古族服饰的学习和设计都有巨大帮助，让我受益匪浅。服装设计课程的学习，使我对蒙古族服饰设计有了更深刻的了解和体会，特别是在生活中服装的重要作用以及服饰的色彩搭配方面。

作品名称：

《蒙韵》

设计说明：

作品定位为具有实用性的小礼服，服装款式简洁、大方，廓型干练，保留了蒙古袍的基本造型，服装色彩选用蒙古族喜爱的青色和红色，表现出蒙古族的热情与积极乐观的生活态度。面料选用了绸缎、复合蕾丝与网纱结合的方式，通过质感的对比来丰富服装的层次感。

任晓波

云南文山学院教师
韩国水原大学在读博士研究生

主持云南省教育厅课题《云南文山彝族花倮与白倮支系传统服饰比较研究》，发表论文《浅谈云南楚雄彝族虎头帽的文化审美价值》《初探贵州苗族背扇图案》《文山州民间美术资源价值整合与再设计应用》《浅析傣卡服饰图案审美特征》《文山马关黑傣服饰及其艺术特征》《少数民族服饰尾饰的艺术特色及现代传承设计应用》等。

学习感悟：

能参加这次由国家艺术基金资助、内蒙古艺术学院举办的“蒙古族礼服制作技艺传承与创新设计人才培养”项目的学习，倍感荣幸！感谢国家艺术基金和内蒙古艺术学院提供的平台。

本次培训分为集中授课、考察调研和创作实践三个部分。专家、教授们精彩的课堂、师生互动研讨、学员间互动交流，我获益匪浅，对蒙古族传统服饰文化和传统手工技艺有了系统的认识和了解，对传统服饰创新设计有了新的认知。传承和创新是重构当代文化以及文化自信的重要途径。

作品名称：

《玉·墨》

设计说明：

作品《玉·墨》灵感源于红山文化的古玉。服装设计取其苍劲古朴的神韵，主色调运用稳重坚毅的墨绿色，以体现蒙古族女性豪迈而不失婉约的气质。廓型设计简洁明快，采用立领、对襟并配以纵向排扣以突出腰部线条的设计。服装运用传统蒙古族服装的镶边与“水路”工艺手法进行装饰，增强作品整体的层次感。

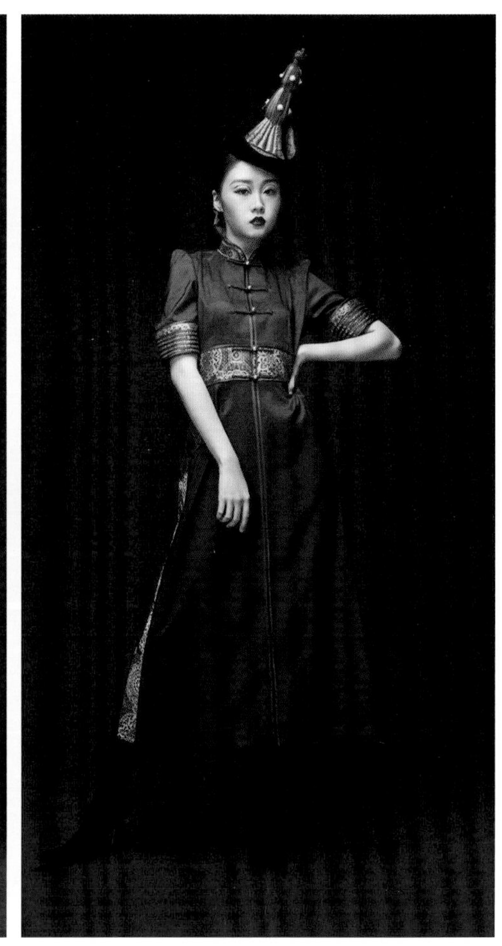

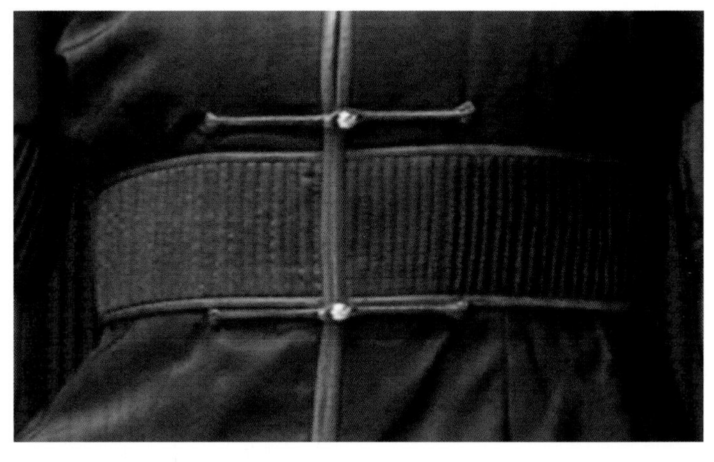

乌丽娅萨

彼德耐体育产业有限公司设计师

曾在意大利多地参加服装设计展示活动，并获得 Roburent 市政府颁发的证书，先后在意大利两家公司担任设计师，
2016 年 8 月作品 *SORRISI TRA I CASTAGNI* 参加由意大利 Cuneo 省 Roburent 市政府举办的高级服装秀活动，并由政府颁发证书，
2018 年 4 月作为彼德耐体育产业有限公司设计师，为杭盖乐队与山东当地足球队的友谊赛设计杭盖乐队队服，
2018 年 8 月作为彼德耐体育产业有限公司设计师，为在秦皇岛国家体育总局训练基地举办的青少年足球邀请赛项目中的北京国安青训队设计出场服、比赛服和队服，
2018 年 10 月作为彼德耐体育产业有限公司设计师，为运动会运动项目设计体育服装。

学习感悟：

通过国家艺术基金项目的培训学习和创作，意识到曾经了解到的相关知识实在是不足，以至于在设计过程中会出现很多概念上的偏差。设计需要设计理念和思想表达的呈现，更需要历史文化的积淀，才能把握住作品的灵魂所在。通过培训听了这么多名师的讲座，让我在赞叹老师们的讲座如此精彩、吸引人的同时，也反省了自己，要多学习各方面的知识。最后，对于此次课程所安排的传统手工艺技法——刺绣的培训学习印象最为深刻，因为能有这样纯粹的学习传统手工艺的机会真的很难得，它是蒙古族人民在长期生产生活中形成的非物质文化遗产，蕴藏了深厚的民族情感和民族精神，激发了我深深的民族情怀。

作品名称：

《融合之熠熠生辉》

设计说明：

作品《融合之熠熠生辉》造型保留了传统蒙古族服饰的神韵，融入西方服装结构设计，增加胸腰省，使服装更加立体。面料上钉有亮片，与金色面料互相呼应，使服装熠熠生辉，生动华丽。

乌云高娃

皮革造型艺术设计师
内蒙古艺术学院外聘教师
内蒙古大学艺术学院艺术学硕士

2001～2005 年在内蒙古大学艺术学院美术系绘画专业学习，
2007 年至今在内蒙古大学艺术学院皮革造型艺术研究所工作，
2013 年 6 月皮画作品《草原物语》获得首届皮画艺术品展览会优秀奖，
2015 年 4 月皮画作品《五虎上将》获得呼和浩特市第二届皮雕皮画艺术品展览会优秀奖，
2015 年 10 月皮革造型设计作品《首饰盒》获得第二届内蒙古自治区工艺美术品飞马奖优秀作品奖。

学习感悟：

我有幸参加国家艺术基金 2019 年度艺术人才培养资助项目“蒙古族礼服制作技艺传承与创新设计人才培养项目”，本项目是在母校内蒙古艺术学院的支持以及设计学院工作团队的辛苦付出下完成的，感谢学校和项目的各位老师的传道解惑。本次培训不仅让我领略了大师的风采，更重要的是让我对民族服装的设计有了更准确更深刻的认识。

作品名称：

《蒙韵》

设计说明：

作品《蒙韵》灵感源于蒙古族传统刺绣工艺和传统皮雕工艺。色彩主调为绿色和黄色，绿色象征着孕育生命的草原，黄色象征着引领方向的日光。服装内袍的廓型借鉴了传统的蒙古袍样式，领口、袖口采用了蒙古族传统刺绣与贴布绣结合的工艺；坎肩选择天然皮革，首先在剪裁好的牛皮上雕刻出传统蒙古袍中常见的花纹及海水江崖纹，然后用丙烯等颜料进行染色处理，服装整体呈现出浓郁的蒙古族特色。

武丽霞

中国舞台美术学会会员
内蒙古高雅汗文化传媒有限责任公司服装设计师

2012 年作品《丘岭踏歌》获得第三届中国蒙古舞蹈大赛暨第三届内蒙古电视舞蹈大赛最佳服装设计奖，
2015 年 5 月作品《驼乡新传服装》获得第四届中国少数民族戏剧会演优秀服装设计奖，
2015 年作品《舞动的琴弦》服装荣获第四届中国蒙古舞蹈大赛暨第四届内蒙古电视舞蹈大赛国际蒙古舞蹈艺术展演最佳服装设计奖，
2018 年 6 月作品《满韵骑风》在中国马镇四季巡演，
2019 年 1 月作品《瑞雪迎春》《鸿雁飞》《宴歌》的舞蹈类服装在内蒙古电视台播出。

学习感悟：

转眼为期数月的培训学习和创作结束了。感谢内蒙古艺术学院提供的各项服务以及设计学院工作团队的辛苦付出。蒙古族礼服制作工艺种类多样，富有深厚的文化内涵与艺术底蕴。通过现场学习和实地调研，使我进一步认识到蒙古族传统服饰手工技艺继承和学习的重要性和紧迫感。这些手工技艺为我的设计提供了丰富的灵感和创作手段。

作品名称：

《礼·赞》

设计说明：

作品《礼·赞》以鄂尔多斯传统蒙古族服饰为依托进行创新设计，男、女两套礼服均采用对比强烈的明黄色与宝蓝色。作品对云纹图案与盘长图案进行二次创作，取其吉祥如意之意的同时，达到图案创新的目的。形制采用里袍与坎肩的搭配，裁剪方式更为利落；传统手工盘扣与现代夹线、镶边、珠饰等工艺的有机融合不仅保留了蒙古族传统服饰的精髓，又迎合了当下的时尚理念。

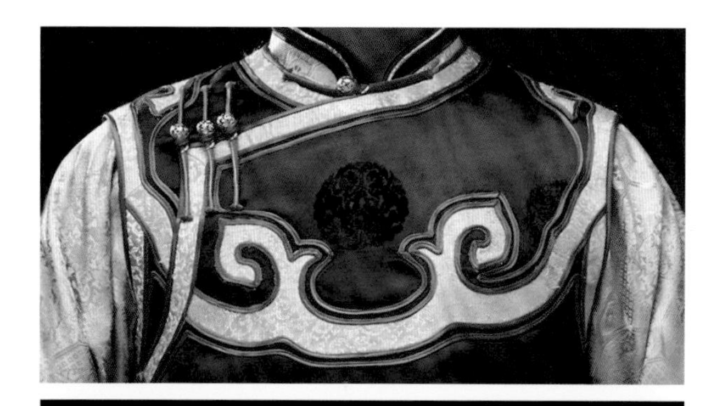

熊美琪

自由服装设计师
内蒙古大学艺术学院硕士

2012 年 9 月～2016 年 7 月就读于内蒙古农业大学材料科学与艺术设计学院服装设计与工程专业，
2012 年至今兼职于东方圣驹服饰有限公司，
2015 年参与大盛魁文创园蒙古族艺术博物馆服饰设计制作，
2017 年 4 月作品《鹰神》刊登于《内蒙古大学艺术学院学报》第十四卷，
2017 年参与内蒙古艺术学院建校 60 周年重大重点创作展演项目《元代宫廷服饰艺术再现》，
2018 年 1 月作品《海日太（爱）》发表于《中国民族美术》第 13 期。

学习感悟：

有幸被选中参加内蒙古艺术学院主持的国家艺术基金“蒙古族礼服制作技艺传承与创新设计人才培养”项目这么高规格的培训班，我感到很荣幸，也十分感激。感谢项目中精心授课的各位老师。通过此次培训，收获颇多，深深触动了在服装行业工作的我。培训学习的过程中，在开阔了视野，提升专业素养的同时，为我最终的结课设计提供了丰富的创作灵感和手段。

作品名称：

《燃》

设计说明：

作品《燃》的灵感源于成吉思汗陵主建筑物顶部的蓝色、金色云纹。在蒙古族传统文化中，蓝色代表着长生天，金色象征着权力财富，这两种颜色的搭配也在服装中融入吉祥美好的寓意。以蒙古族传统镶边、立领、一字扣等元素为设计基础，将寓意吉祥的云纹、卷草纹通过机绣工艺进行创新设计，融入西式礼服的立体裁剪方式，突显高贵典雅的气质。

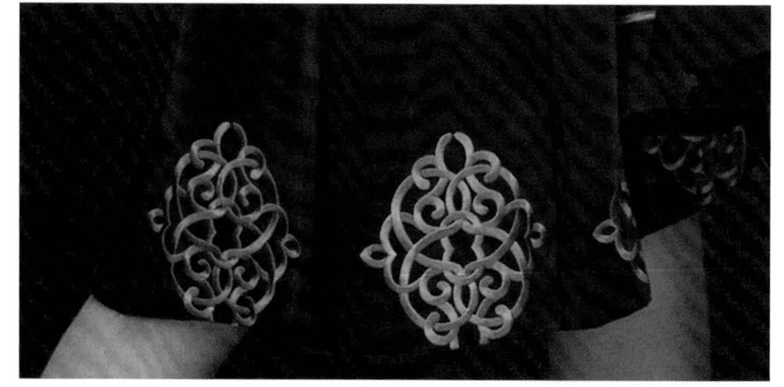

李梦茹

自由服装设计师
内蒙古大学艺术学院服装与服饰设计专业毕业

2013～2015 年在万方圣驹服饰有限公司兼职，
2015 年在内蒙古乌海市瑞思万杰传媒公司担任平面设计师，
2017 年在内蒙古天源国际创新业态园担任机器人讲师、3D 打印讲师，
2015 年 4 月获得内蒙古大学校级“三好学生”称号，
2015 年 6 月获得内蒙古艺术学院“挑战杯”创业大赛三等奖，
2015 年 12 月获得校园文化节“突出贡献者”称号，
2016 年 5 月获得“涵天杯”印花针织服装大赛优秀奖，
2016 年 6 月获得内蒙古艺术学院“挑战杯”创业大赛一等奖，
2016 年获得“创青春”全区大学生创业大赛创业计划竞赛铜奖，
2016 年被评为内蒙古年度大学生“桃李之星”。

学习感悟：

蒙古族传统礼服，风格独特，制作精细，传统工艺形式多样，精美绝伦。很幸运能参加此次培训活动，培训课程安排紧凑，内容丰富，专家和教授们对传统服饰文化的传承与创新进行了各自视角的解读，并分享了各自的设计经验，这让我受益匪浅，深受启发，蒙古族服饰文化的传承与创新设计，任重而道远，我辈自当努力探索。

作品名称：

《苏尼特情愫》

设计说明：

蒙古族婚礼服设计作品《苏尼特情愫》灵感源于苏尼特部落女子传统服饰。礼服肩部分别采用装饰肩部和挖空肩部的设计手法来展现蒙古族新娘柔美的肩部线条。下裙借鉴现代婚纱造型，扩大裙摆。腰部、袖口、衣襟等细节处运用了传统刺绣工艺。面料以素缎为主，富有轻盈感。配色主要为草原美景中的蓝色和金色，象征着草原美景辽远悠长。

李春香

内蒙古舞台美术学会会员
兴安盟民族歌舞团专业舞台服装设计师
内蒙古大学艺术学院服装与服饰设计专业毕业
蒙古国国立文化艺术大学在读全日制研究生

2009 年 9 月作品《兴安 · 绿色的歌》获得首届内蒙古自治区民族文艺汇演铜奖，
2012 年 6 月作品《五月的曙光》获得自治区精神文明建设“五个一工程奖”，
2012 年 7 月作品《采山珍的女人们》获得第六届华北五省区市舞蹈大赛表演二等奖，
2013 年 10 月作品《古布尔安代》获得第九届中国舞蹈荷花奖，
2014 年 7 月作品《胡仁乌力格尔》获得第七届华北五省区市舞蹈大赛创作一等奖，
2015 年 9 月作品《布吉格勒耶》获得第四届中国蒙古舞大赛暨第四届内蒙古电视舞蹈大赛银奖。

学习感悟：

感谢国家艺术基金和母校的平台与支持，我收获的不仅是专家授课的知识，更多的是关于蒙古族服饰文化、服饰手工技艺传承和创新的新思考和新路径。

经济的发展更需要文化的自信，蒙古族传统服饰的历史底蕴和精湛的制作技艺是我创作的源泉和立业之本。作为设计师，我要努力讲好草原的故事。

作品名称：

《传 · 紫》

设计说明：

紫色在传统蒙古族服装中应用较为广泛，它象征着神秘、高贵和吉祥。《传 · 紫》作品采用紫色作为服装的主色调，宝蓝、银色作为边饰配色进行点缀。肩型、袖型、领型、门襟在传统蒙古袍造型基础上进行了改良设计。腰节线和盘扣装饰部分采用 V 型设计，拉长身体比例的同时使服装更具有延展性。

李珂

自由服装设计师

2017 年至今任职于在广州普丽衣曼有限公司，
2017 年 6 月作品《超级玛丽》获得广东大学生指定面料团体大赛最佳舞台效果奖，
2018 年 4 月作品《记忆中的年味》获得第七届“石狮杯”全国高校毕业服装设计大赛男装组最佳工艺奖，
2018 年 5 月作品《记忆中的年味儿》获得“广州国际轻纺城杯”广东广州大学生优秀服装设计大赛决赛本科入围奖。

学习感悟：

感谢国家艺术基金对本次项目的资助，感谢此次项目的各位老师的授课与指导，感谢内蒙古艺术学院提供的服务以及设计学院工作团队的辛苦付出。

此次培训安排了形式多样、内容丰富的培训课程。在专业上，我了解到了关于蒙古族服饰的一些制作步骤、传统工艺的用法等。在生活上了解到了关于蒙古族的一些风俗习惯、饮食文化。在学习上，领略了艺术领域的各个专家和老师们的作品风采，让我受益匪浅，学习到很多，也对自己有了更明确的目标。

作品名称：

《千古马颂》

设计说明：

作品《千古马颂》以蒙古马的形态和神韵为灵感，对蒙古马进行平面图案设计，通过元素的提取、解构和重组，从而形成新的图案，并将此图案运用到服装设计当中。本次设计展示了蒙古族人与马、人与草原和谐共处、生生不息的大美境界，歌颂了蒙古族开放包容、坚韧不拔的民族精神。

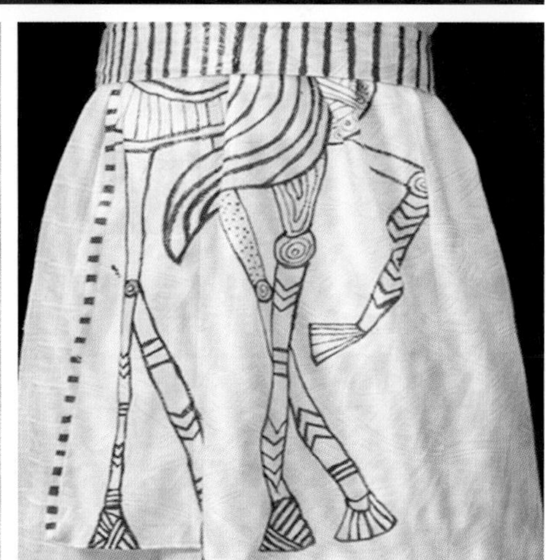

李丽

伊丽娜民族服饰工作室创始人兼设计师
内蒙古大学艺术学院服装与服饰设计专业毕业

2014 年 7 月～2016 年 4 月专门学习传统蒙古族服饰剪裁、缝制技术，
2016 年 4 月～2018 年 7 月蒙古族服装自由设计师，
2018 年独立创办伊丽娜民族服饰工作室。

学习感悟：

毕业后我一直坚持蒙古族服饰的传承与创新设计，并成立了自己的工作室。再次回到母校参与国家艺术基金项目，我特别珍惜这次学习和交流的机会。通过这个项目，我学到了新的知识、新的设计理念及文化研究方法，感受颇深，在蒙古族服饰设计方法和视觉表现方面受益匪浅，对于以后的创作有了更扎实的知识积淀和清晰的设计思路。

感谢国家艺术基金，感谢各位授予我们知识的老师们！蒙古族服饰的传承和设计创新，我们在路上！

作品名称：

《娜仁卓歌》

设计说明：

蒙古族婚礼服设计作品《娜仁卓歌》意为向着太阳。草原上的花草树木都是靠明媚的阳光照射，才能茁壮成长，向着太阳也寓意朝气蓬勃的生命力。服装色彩选用粉色和蓝色的绸缎和薄纱面料相结合的方式来展现蒙古族新娘的柔美和清纯。肩部采用云肩造型设计，并运用“巴林绣”技法在边缘处刺绣卷草纹和云纹图案，体现蒙古族的信仰：花草树木、山川河流都是上天的恩赐。裙身部分用两条撞色镶边装饰，起到修身作用的同时增加了服装的层次感。

牧仁

高雅汗文化传媒有限责任公司总经理兼设计总监
蒙古国国立教育大学艺术学硕士
内蒙古师范大学工艺美术学院外聘教师

2015 年作品《驼乡新传》获得“第四届中国少数民族戏剧会演”优秀服装设计奖，
2017 年作品《蒙古优雅》获得“第二届中国 · 国际蒙古舞蹈艺术展演”优秀服装设计奖，
2019 年作品《我的贝勒格人生》获得第五届内蒙古舞台美术“金牛奖”服装设计奖。

学习感悟：

2019 年的夏天，对我本人和我的公司来说，是非常美好且繁忙的一个季节。我的公司接到了自治区政府两个重大项目的服装设计任务，最为重要的是，在这个夏天，我在走出课堂 12 年后，重新以学员的身份步入课堂，开始 2019 年度国家艺术基金“蒙古族礼服制作技艺传承与创新设计人才培养”项目课程的学习。

为期数月的学习和创作，是紧张、快乐且短暂的。期间我本人开阔了视野，丰富了自己的理论知识，提升了专业素质，同时也认识了众多业内的新朋友和名师。此次培训形式多样、内容丰富、专业性高，拥有超强的师资团队。

本项目在课程安排上由浅入深，从点到面，从院校的教授到民间的“非遗”传承者，再到资深的研究学者和一线的企业负责人，各位老师给大家生动地讲授了各自领域内最为前沿的学术成果。我个人将本次培训的收获和成果，都很好地运用在了结课设计成果当中。这些知识，将在我今后的设计和管理工作中，给予我很大的帮助和启发。

作品名称：

《印 · 迹》

设计说明：

本系列服装名为《印 · 迹》。在蒙古族近千年的游牧文明发展过程中，蒙古人发挥自己的聪明才智并不断吸收其他兄弟民族服饰之精华，逐步完善和丰富自己传统民族服饰的种类、款式风格、面料色彩、缝制工艺，创造出了许多精美的服饰。蒙古族 28 个部落服饰各有千秋，各具特色，此为“印”。本次设计提炼了土默特部和乌珠穆沁部的服饰语汇，以蒙古族婚礼服饰和蒙古族舞台服饰做定向设计。

王晓阳

自由服装设计师
内蒙古艺术学院服装与服饰设计专业毕业

2016 年就职于哥弟服饰有限公司，
2016 年至今就职于 MAXRINEY 服饰品牌设计工作室，
2019 年蒙古族风格时装作品《尘鞍》获得第十届国际大学生时尚设计盛典优秀奖。

学习感悟：

感谢母校为我提供这么好的学习环境，感谢国家艺术基金对蒙古族服饰的支持和肯定，同时也感谢各位专业老师的悉心指导。

此次学习不仅开阔了服装学习的视野，每一个教学的内容都使我受益匪浅，这里有最强的导师团队、设计专家、艺术家。学员们来自全国各个地区，大家在一起相互交流经验和想法，并成为志同道合的朋友。

作品名称：

《轻羽》

设计说明：

作品《轻羽》是以阿拉善腾格里沙漠的天鹅湖为灵感的现代婚礼服设计作品。阳光下波光粼粼的湖面，金色的沙漠和洁白的天鹅，勾画出了一幅浪漫的画面。女装的廓型采用 X 型，用泡泡袖和扩张的裙摆体现服装的庄重奢华。面料选用带有珠光装饰的薄纱，阳光下就像波光粼粼的湖面。裙摆处用重工刺绣，并且在底部加有纯手工缝制的羽毛，远看仿佛天鹅在徘徊，圣洁华美。男装在蒙古族传统服饰造型的基础上作简化，服饰色彩与女装配色一致，突显了婚纱的系列感。

乌日汉

蒙古族服饰设计师
呼和浩特民族学院教师
内蒙古大学艺术学院服装与服饰设计专业毕业

2007 年至今在呼和浩特民族学院美术系任教，主要研究方向为蒙古族服饰结构设计与缝制工艺，
2007 年成立个人蒙古族服饰设计工作室。

学习感悟：

2019 年度国家艺术基金人才培养资助项目“蒙古族礼服制作技艺传承与创新设计人才培养”主旨是对于蒙古族传统服饰手工技艺及创新设计人才的培养。非常荣幸能参加此次项目，进行为期数月的技法和创作的系统培训。我对于蒙古族服饰制作技艺的喜爱开始于大学期间，主要源于蒙古族服饰传统制作技艺的品质以及深厚的民族精神内涵。这次机会来之不易，因此格外珍惜。在培训中，无论是理论学习还是创作实践，我全心投入，虽然只有很短的几个月，但是收获良多，对我的创作技艺和创作能力都有一个很大的提升。

作品名称：

《漠西》

设计说明：

作品《漠西》灵感来源于土尔扈特传统服饰。工艺上运用了土尔扈特服饰独有的“桑格而其格”褶皱、查勒玛扣子、希尔古勒嘎边饰。服装面料选择了紫罗兰色丝绒。

乌日罕

希乐民族服饰工作室创始人兼设计师
内蒙古大学艺术学院服装与服饰设计专业毕业

2013 年 6 月作品《启蒙》获评优秀毕业生作品，
2013 年 11 月～2016 年 1 月就职于杭州盛宏进出口有限公司，担任服装设计师，
2016 年 7 月～2017 年 2 月就职于内蒙古古丽人文化有限公司，担任手工坊主管，
2017 年 7 月完成呼和诺尔景区舞台剧《铁木真迎亲大典》服装设计及制作，
2018 年 9 月完成科右中旗一完小教师节演出服装设计制作，
2019 年 5 月完成科右中旗五完小六一儿童节舞蹈服设计制作。

学习感悟：

此次重回母校参加国家艺术基金人才培养项目，尤其是理论课程部分的学习，专家、教授、著名设计师、“非遗”传承人的精彩讲座，使我的专业理论和专业实践能力都得到了较大的提高，开阔了设计视野，对今后的创作和工作室经营方式也产生了很大的启示。

感谢国家艺术基金和内蒙古艺术学院提供给我们这些从事民族服饰设计与推广的自由职业者这样宝贵的学习机会，感谢老师们辛苦的付出！

作品名称：

《希林塔娜》

设计说明：

作品《希林塔娜》意为草原上的珍珠。设计灵感来源于洁白的珍珠，色调以柔和的白色为主，主要运用了蒙古族传统镶边和嵌条工艺。图案结合蝴蝶纹和卷草纹进行创作，用珍珠绣制。服装造型搭配简洁的裙型和小泡泡袖，整体简洁又不失细节，表现出柔和的蒙古族女子形象。

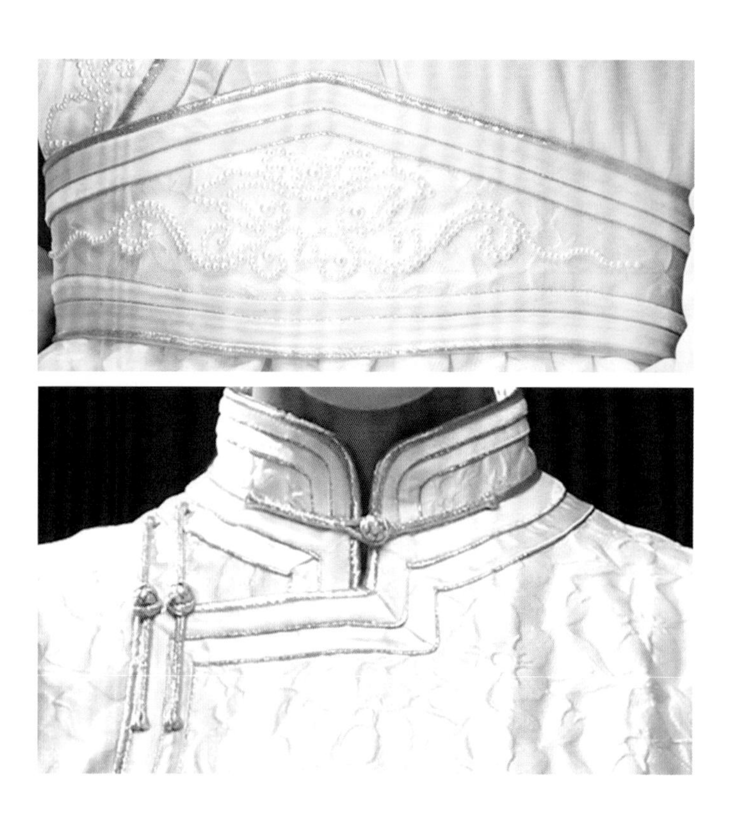

娜仁其其格

汗达民族服饰制作有限公司创始人兼设计师
“翁牛特蒙古族刺绣”项目自治区级代表性非物质文化遗产传承人
赤峰学院美术学院工艺美术专业客座教授
内蒙古自治区民间文艺家协会“民间艺术大师”

2014 年获得赤峰广播电视台综艺节目《百姓大舞台》优胜奖，
2016 年获得八省市自治区第二届蒙古族手工艺品“克鲁伦杯”大赛缝制工艺三等奖，
2016 年获得赤峰市首届“西拉木轮杯”蒙古族传统手工艺品大赛一等奖，
2016 年获得内蒙古自治区妇女手工制作技能竞赛二等奖，
2017 年获得赤峰市蒙古族非物质文化遗产展览蒙古族头饰一等奖，
2017 年获得内蒙古第十四届蒙古族服装服饰大赛铜奖，
2017 年获得“玉龙杯”西乌珠穆沁旗蒙古族服饰大赛三等奖，
2018 年获得赤峰市首届蒙古族服装服饰大赛金奖，
2018 年获得第十五届蒙古族服装服饰总决赛蒙古族服饰元素休闲装、学生装设计制作组银奖。

学习感悟：

从培训开始到结束，收获颇丰，认识了很多优秀的专家，也结识了很多技艺高超的制作人，让我在各个方面有了一定的提高。1. 提高了自身的专业技能。授课团队中有很多优秀的“非遗”传承人给我们以身示教，学习了很多之前不知道的技艺。团队中还有很多优秀的专家教授，他们的学识和修养，让我感觉自己置身于大学课堂中，沐浴知识的洗礼。2. 结识了新的同学。很多同学在某些方面比我优秀，他们应用现代电子技术手段的熟练度，让我望尘莫及，很多地方他们都能给我指导和帮助，让我顺利完成学习任务。3. 心怀感恩，继续前行。感谢国家艺术基金项目、感谢内蒙古艺术学院、感谢所有老师和同学，让我有机会能够在高水平的环境中学习，今后我会继续努力，回报社会，做好本职工作的同时承担相应的社会责任。

作品名称：

《阿妈的幸福》

设计说明：

作品《阿妈的幸福》以阿妈的印象为灵感，再现阿妈内心深处永恒的“少女的粉色记忆”。设计作品保留蒙古族传统服饰中的大襟交领和马蹄袖，融入现代立裁技术，腰部设计围兜造型，并在腰部两侧作拼接抽褶处理，在保留传统蒙古族服饰特征的同时，使民族服饰设计更具现代化与时尚感。

丁丽

内蒙古安妮尔蒙古族原创服饰工作室设计师
湖南工业大学服装设计专业毕业

2014 年 8 月～2015 年 8 月担任湖南株洲仟慧服饰品牌设计师，
2015 年 9 月～2018 年 12 月担任广州后生原创服装设计工作室设计师，
2019 年 4 月至今担任内蒙古安妮尔蒙古族原创服饰工作室设计师，
2014～2015 年在仟慧服饰发表四季女装内搭款作品，
2015～2018 年在戴氏传奇发表冬季女装系列，
2015～2018 年在浙江汉合发表冬季女装系列。

学习感悟：

我很荣幸参加了本次的学习培训。蒙古族礼服制作工艺种类多样，富有深厚的文化内涵与艺术底蕴。通过现场学习和实地调研，我进一步认识到蒙古族传统服饰制作技艺继承和学习的重要性和紧迫感。蒙古族服饰的设计应该在理解地域文化的基础上寻找设计灵感和设计思路，蒙古族服饰设计应该在继承传统的基础上进行新时代的创新实践。

作品名称：

《敖特尔》

设计说明：

作品名称《敖特尔》意为逐水草而居。设计灵感源于林中草原初春的雪的颜色。服装色彩参考中国古典色谱——春蓝色和雪青灰色。服装廓型以巴尔虎部落蒙古族已婚妇女的传统服装为基础，上半部分保留了传统坎肩和袖子的形制，胸腰部位进行结构设计，使其更加合体，适合现代都市女性穿用；下半部分主要进行“褶”的创新设计，加大裙摆体量，突显蒙古族女子的优雅庄重。

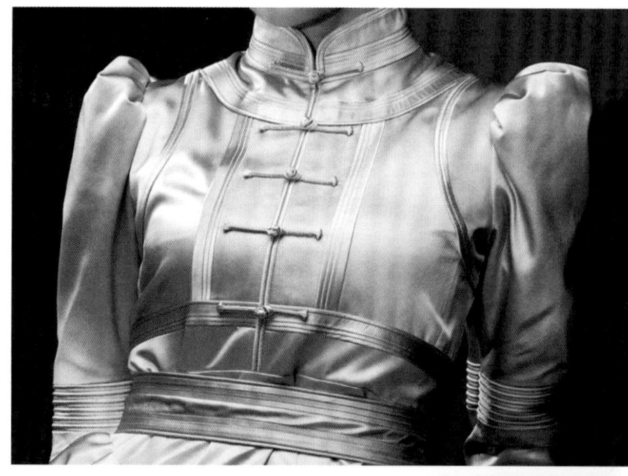

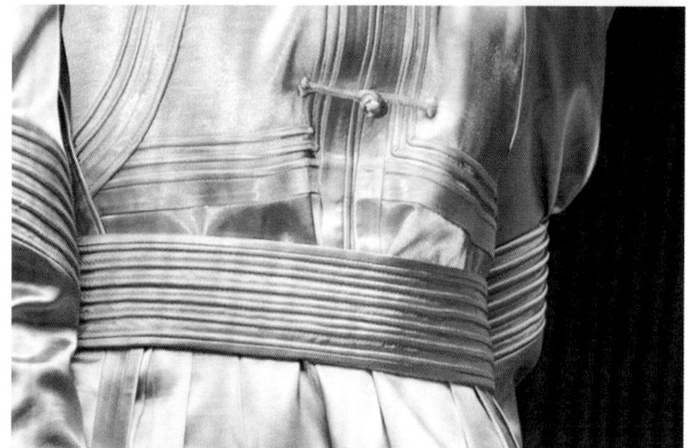

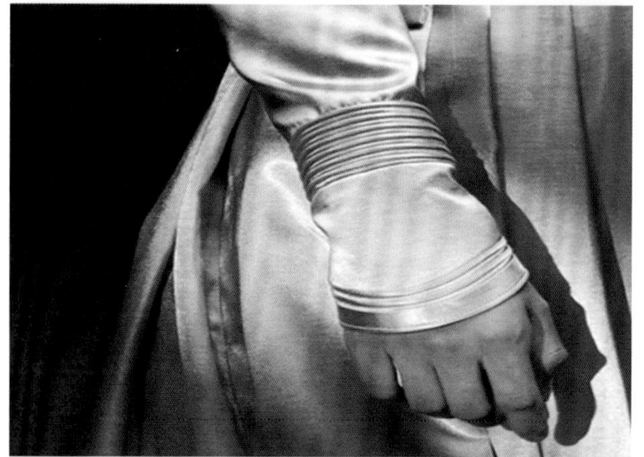

刘雪婷

呼伦贝尔职业技术学院教师
西安工程大学服装设计与工程专业硕士

主持课题《蒙古族服饰元素在现代服装设计中的应用研究》，发表论文《浅谈服装设计与艺术审美结合》《初论以市场为导向探究高职服装设计专业教学改革》《高职教育中photoshop 课程改革的探究》等。

学习感悟：

我有幸参加了国家艺术基金“蒙古族礼服制作技艺传承与创新设计人才培养”项目。培训中分别到内蒙古博物院、鄂尔多斯博物院、内蒙古艺术学院实训室等基地进行实地调研。培训形式多样，在开阔视野，提升专业素养的同时，为最后的结课设计提供了丰富的创作灵感和手段。通过此次培训，使我对蒙古族传统服饰制作技艺有了更深层次的、多角度的认识。

作品名称：

《婚礼纪》

设计说明：

《婚礼纪》属于蒙古族风格的婚礼服设计作品。服装主色调选用白色，细节处搭配金色镶边，纯洁高贵。在领型、袖型以及腰部位置保留蒙古族服饰造型特点，并采用镶边工艺装饰。

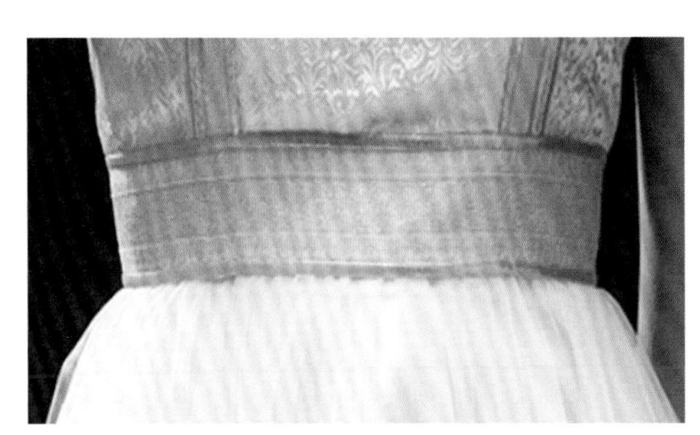

关可欣

灵莲（北京）服装服饰创始人
LINGLIANSTUDIO 女装私人定制设计师
内蒙古大学艺术学院服装与服饰设计专业毕业

2016 年获得首届“涵天杯”印花针织服装设计大赛银奖，
2016 年获得“康师傅杯 · 青春狂想”瓶身设计大赛三等奖，
2016 年获得莲七珠宝第二届蒙风杯珠宝设计大赛银奖，
2017 年获得 NAFA 杯第十四届中国国际青年皮裘服装设计大赛暨 2018 IFF REMIX 大赛中国预选区网络人气最佳奖，
2017 年获得中国 · 平湖服装设计大赛优秀作品奖，
2019 年毕业设计作品《海东青》参加 2019 环东华时装周内蒙古艺术学院毕业设计作品展演“丝路 · 思路”发布活动，
2019 年设计作品《海东青》获 2019 大学生时尚设计盛典最佳人气奖。

关爱欣

灵莲（北京）服装服饰创始人
LINGLIANSTUDIO 女装私人定制设计师
内蒙古师范大学国际设计艺术学院毕业

2016 年获得莲七珠宝第二届蒙风杯珠宝设计大赛银奖，
2018 年 1 月～2018 年 10 月担任灵莲工作室设计师，
2018 年 12 月～2019 年 3 月担任 GraceChen 设计师助理，
2017 年作品《听荷》获得中国 · 平湖服装设计大赛优秀作品奖，
2019 年设计作品《Oboo》参展尚坤塬中国国际大学生时装周。

学习感悟：

在我们开始创立自己品牌的时候，有幸获得内蒙古艺术学院主持的国家艺术基金项目的学习机会。通过学习与创作，我们认识到民族服饰传承与创新设计的重要意义。我们应立足当代，时尚化设计，把传承与创新落在实处。相关课程和培训的学习，为我们梳理了蒙古族传统服饰文化和工艺的历史脉络，增强了我们对传统服饰制作技艺的热爱，激发了我们创新民族服饰的设计动力。

作品名称：

《敖吉》

设计说明：

作品《敖吉》借鉴蒙古族传统礼服中的长坎肩，在长坎肩和袍服的基础上进行设计，长线条的 A 廓型改变了传统蒙古族服饰直上直下的宽松样式，收腰的结构突出了女性的曲线美感。颜色为白色和藏蓝色，分别象征着蒙古族信仰的纯洁和自然的永恒。服饰图案运用了八宝纹样和云纹，取其吉祥之意。服装面料采用了绸缎和纱，来展现女性的柔美身姿。

王利利

扎萨丽工艺品店创始人
内蒙古农业大学设计艺术学硕士
内蒙古商贸职业学院艺术设计系民族饰品工作室外聘教师

参与《蒙古民族毡庐文化（蒙古民族文物图典）》《大兴安岭古代史》编纂工作，参与完成全国文物保护科学研究课题《清代蒙古族妇女头饰》，
2018 年 12 月作品《民族首饰设计》《蒙古族头饰设计》获得教育部职业院校艺术设计时尚设计三等奖，
作品《鄂尔多斯四雄刺绣》获得教育部职业院校艺术设计工艺美术设计三等奖。

学习感悟：

通过参加本次的培训学习和创作，我对蒙古族服装如何传承与创新有了新认识。

感谢国家艺术基金对此次项目的资助，使我有幸参加培训。感谢项目的各位老师的传道解惑。感谢内蒙古艺术学院提供的各项服务以及设计学院工作团队的辛苦付出。

作品名称：

《延续》

设计说明：

作品《延续》设计灵感来源于蒙古族布里亚特部落服饰，在传承蒙古族服饰精湛的制作技艺的同时进行了创新尝试。肩部、衣襟采用服装的绗缝、镶绲工艺。服装造型参考传统羊角纹的特点进行设计。服装大面积运用了带有与草原文化密切相关的云纹、卷草纹、盘长纹等吉祥图案的织锦面料。色彩以大红色为主，绿色、黄色为辅。红色代表蒙古族人民的热情向上，绿色代表蒙古族人民所生活的辽阔大草原，黄色代表光明。

玉英

沁拜服装服饰有限公司设计师助理

2014 年参与制作 APEC 国际会议领导人服装，
2016 年参与制作复原 (艺术再现) 敦煌莫高窟壁画《都督夫人礼佛图》服饰，
2018 年参与制作平昌冬奥会《北京八分钟》表演服 (中国国家博物馆、国家艺术基金、中国丝绸博物馆收藏)，
2018 年参与制作残奥会礼服饰品，
2018 年参与制作新疆维吾尔自治区博物馆支持的复原 (艺术再现)《娟衣彩绘木俑》唐代服饰 (2019 年国际时装发布会走秀)，
2019 年参与设计中央电视台《国家宝藏》第二季新疆维吾尔自治区博物馆专场节目服装。

学习感悟：

感谢国家艺术基金对此次项目的资助，使我有幸参加培训。感谢项目的各位老师的传道解惑。感谢内蒙古艺术学院提供的各项服务以及设计学院工作团队的辛苦付出。

此次培训内容丰富，形式多样，整个培训下来，我受益匪浅，既开阔了视野，又提高了专业技术。蒙古族礼服制作技艺种类繁多，富有深厚的文化内涵和艺术底蕴。通过一个多月的培训，使我更深地了解了蒙古族传统服装的工艺制作手法。培训内容包括蒙古族传统服饰制作技艺、蒙古族传统手工刺绣、元代宫廷服饰审美、现代礼服创新设计、民族特色现代礼服设计方法等。此次培训所学到的专业知识与技能，将为我以后的设计创作提供灵感与思路。

作品名称：

《生机》

设计说明：

作品《生机》从蒙古族传统服饰中汲取灵感，面料以蓝绿色为主，服饰局部运用棕黄色加以点缀。服装主体采用立体感很强的压花面料，辅以团花纹织锦缎。运用镶绲、自然堆褶、传统一字盘扣等工艺丰富服饰的细节。丝绒贴花图案上的盘长纹、哈木尔纹与云纹，寓意着吉祥如意，承载着草原民族的美好愿景。

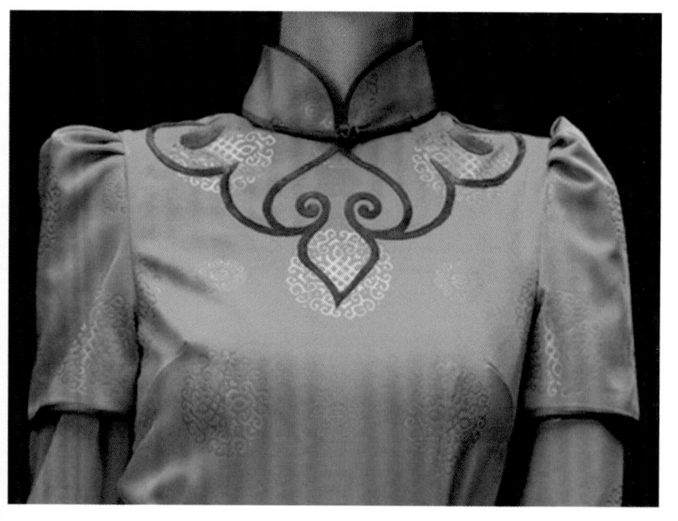

张旭

中央民族歌舞团舞美中心舞台服装设计师
具有三级舞美设计任职资格
北京舞蹈学院艺术设计系硕士

2013 年至今参与建党 90 周年北京舞蹈学院舞蹈专场舞剧《红船启航》，人民大会堂建党 90 周年《我们的旗帜》，佳木斯市运动会开幕式、闭幕式，广州大学生运动会开幕式、闭幕式，第五届全国少数民族文艺汇演开幕式、闭幕式服装设计，

中国少数民族歌舞盛典服装设计，古典舞《醉酒孤舟》《雁归汉音》，舞剧《昭君出塞》，儿童民族舞剧《孔雀王国历险记》《大巴扎淘宝记》《藏羚羊奇遇记》，儿童音乐会《小天使的歌声再飘荡》，音乐舞蹈诗《花儿笑星星跳》，舞台晚会《小小花园大舞台》服装设计，并多次为国家一级演员设计舞台服装。

学习感悟：

2019 年是特别的一年，感谢国家艺术基金和内蒙古艺术学院给予我们这么好的学习机会。经过此次学习培训让我了解了蒙古族传统服饰的文化、工艺。让我对蒙古族服饰有了更加全面的认识。尤其是培训期间对理论部分内容的学习，让我更加深入地了解了蒙古族各个部落服饰文化的魅力以及蒙古族元素在现代服装上的运用方式。培训的课程形式多样、内容丰富。同学们与老师之间相互交流，互相学习，学术气氛浓郁，大家非常珍惜此次学习机会，对蒙古族服饰文化研究的热情高涨。特别感谢各位老师和同学们给予我和我家人的特殊帮助，我深深体会到本地人民的热情和善良。

作品名称：

《柳兰花开》

设计说明：

这组《柳兰花开》是采风时锡林郭勒、辉腾锡勒草原上紫色的柳兰花海带给我的灵感，创作而成此次作品。色彩选用不同纯度和明度的紫色与草绿色相搭配，并加以花边作为点缀，远远看去就如同草原上盛开的柳兰花在随风摇曳。

杨智雅

内蒙古商贸职业学院艺术设计系教师
大连工业大学服装专业毕业

2017 年参与“民族文化传承与创新专业示范点”项目，主要负责完成 28 个蒙古族部落服饰设计与制作工作，
2017 年作品《布里亚特蒙古族男女服饰》获得全国职业院校艺术设计类作品“广交会”同步交易展作品大赛一等奖，
2017 年皮艺作品《蒙古族部落服饰》获得“第十四届内蒙古草原文化节全区传统手工艺 + 现代创意展”优秀奖，
2018 年作品《鄂尔多斯蒙古族男女服饰》获得教育部职业院校艺术设计类专业教师指导委员会全国职业院校艺术设计类作品“广交会”同步交易展作品大赛一等奖。

学习感悟：

通过本次的培训学习和创作，使我对蒙古族服装传承与创新有了新认识。通过参加蒙古族礼服技艺的培训学习，我深深体会到民族文化的美学所在，在学习的过程中，进一步了解了蒙古族服饰文化的历史渊源、历朝历代的蒙古族服饰特点、蒙古族服饰的发展现状、现代蒙古族礼服的设计特点以及未来蒙古族服饰的发展前景。资深的专业设计老师亲自教授我们在礼服设计上如何从款式设计、穿着方式、色彩搭配、材料材质、装饰手法、工艺技巧方面融入情感，表达出民族特色。感谢国家艺术基金对此次项目的资助，使我有幸参加培训。感谢项目的各位老师的传道解惑。感谢内蒙古艺术学院提供的各项服务以及设计学院工作团队的辛苦付出。

作品名称：

《梦的寄语》

设计说明：

作品《梦的寄语》灵感来源于鄂尔多斯传统蒙古族服饰，在工艺上运用鄂尔多斯马甲传统的包边、压边、水路等装饰手法。服装在结构设计上尝试创新，将鄂尔多斯传统蒙古族服饰的袖型改为较为立体的耸肩袖型，裙摆造型作弧形设计，并用红色镶边加以点缀。

倪建新

鲁泰纺织股份有限公司设计师
青岛大学在读硕士研究生

2014 年 9 月～2018 年 6 月在山东理工大学视觉传达设计专业（服装视觉艺术）学习，
2016 年 4 月作品《山东理工大学手绘地图》被山东点匠工作室采用并出版，
2016 年 6 月作品《国粹》获第九届齐鲁大学生服装设计大赛优秀奖，
2016 年 6 月作品《稷下》青年服装定制获第二届“创青春”山东理工大学大学生创业大赛铜奖，
2017 年 5 月任职于鲁泰纺织股份有限公司，
2018 年 12 月作品《前世》获青年荣耀 · 中华美育情二等奖。

学习感悟：

非常幸运能参加本次内蒙古艺术学院主持的国家艺术基金人才培养项目，历时数月的集中学习、采风、创作、展览，我收获满满。这次培训，既有专家、教授、设计师的精彩课堂，也有非物质文化遗产传承人的现场演示和交流；既有田野考察，近距离感知蒙古族文化的精神内核，也有亲手创作的实践体验。

通过本次培训，拓宽了我的视野，更新了我对民族题材服装设计的观念，对我今后的学习和创作有了更深层次的帮助和提高。再次深表感谢！

作品名称：

《韵》

设计说明：

作品《韵》灵感源于蒙古族传统服饰文化。多姿多彩的蒙古袍体现着草原民族悠久的历史和文化，是游牧生活的浓缩。本系列服装撷取蒙古族传统服饰的造型和衣襟特点，感悟传统，加以重构，探索传统与现代时尚之间的新路径。

史慧

内蒙古工业大学轻工与纺织学院副教授
东华大学服装设计与工程专业博士

近 5 年以第一作者或通讯作者在国内外著名学术刊物上发表论文 10 余篇，其中 SCI 检索 3 篇，EI 检索 2 篇，中文核心 2 篇。主持国家艺术基金 1 项，内蒙古自治区自然基金 1 项，校级重点科研项目 1 项，主持企业横向项目 1 项，参与国家自然科学基金 1 项，参与内蒙古自治区自然基金 2 项，

2013 年“一种接触式缝纫机面线动态张力测试装置”获得实用新型专利，

2014 年论文《长江三角洲地区男士内裤消费行为调查及分析》发表于中文核心期刊，

2016 年论文 *Research on the seam performance of waterproof clothing based on continuous ultrasonic welding technology* 发表于 SCI 期刊，

2016 年论文 *Application of Ultrasonic Welding Technology in Flexible Waterproof Composites* 发表于 SCI 期刊，

2017 年论文 *Influence of seam types on seam quality of outdoor clothing* 发表于 SCI 期刊，

2018 年论文《超声波熔接参数对户外服缝口防水性能影响》发表于中文核心期刊，

2018 年获得电力职业服大赛优秀指导教师奖，

2018 年服装工业制板精品课程建设获得高等教育内蒙古工业大学教学成果奖二等奖。

学习感悟：

2019 年 6 月至 11 月，该艺术人才培养项目授课内容丰富，传统与创新、高定与运营等培训内容让学员从设计、运营、技法等各方面对蒙古族服饰设计有了更系统的理解与掌握。调研采风选取了博物馆、民俗馆以及和传承人面对面等活动，让学员形象直观地了解到蒙古族服饰发展现状。作品创作阶段，以蒙古族元素礼服为主题进行设计创作，并以动静态展示的形式汇报，同时进行了理论学术的研讨，角度全面，内容深刻，起到了很好的学习效果。感谢项目负责老师同学们的辛勤组织策划与付出。

作品名称：

《乌珠穆沁的朝霞》

设计说明：

作品还原了夏季白袍“察木查”的传统样式，采用手工刺绣和纯棉斜纹白布，具有鲜明的乌珠穆沁地域特色。提取“察木查”中独具特色的五色褪晕法绣制的彩虹纹饰为核心设计元素，装饰在领口、袖口等边缘部位，面料还采用白色提花织锦缎、水晶纱、蓝色真丝素缎，体现出优雅、纯净的民族韵味。

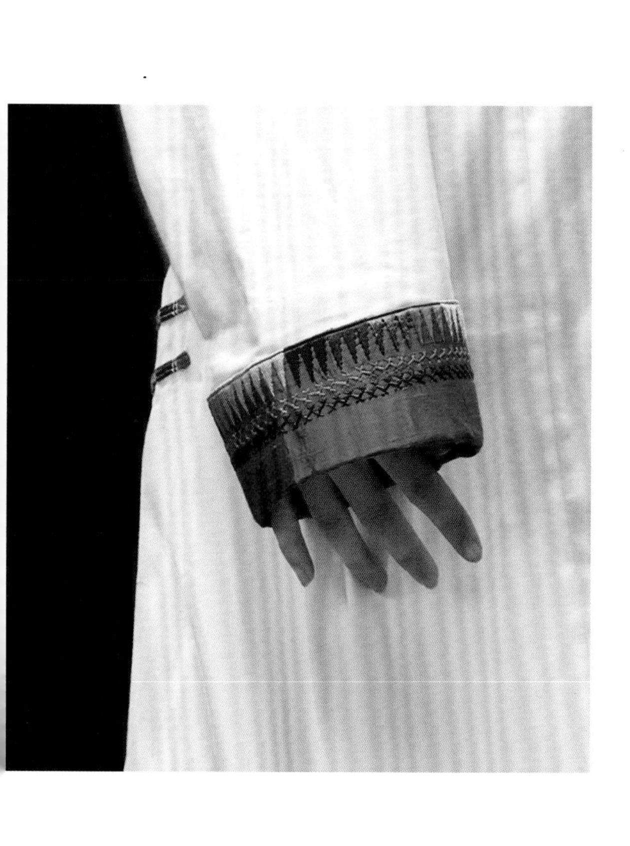

塔娜

内蒙古赤峰市阿鲁科尔沁旗乌兰牧骑舞美服饰设计师
内蒙古大学艺术学院服装与服饰设计专业毕业

2010 年 11 月设计完成内蒙古汉廷音乐抢救复原工作“蒙古汉廷音乐”系列专场演出服饰，
2013 年第八届红山文化节暨庆祝赤峰市三十周年全市乌兰牧骑汇演中获得最佳服装设计奖，
2013 年设计“乌兰哥哥”女声三重唱组合演出服装、“海哈尔河畔的姑娘”女群演演出服装，
2016 年设计“阿旗婚礼”演出服饰，参加赤峰市第十一届红山文化旅游节“非遗”展演，
2018 年设计“阿鲁科尔沁之韵”大型蒙古剧舞台演出服饰，参加第七届内蒙古自治区乌兰牧骑艺术节。

学习感悟：

非常有幸参加了本次学习，虽然时间不长，但我却收获良多。这次的培训学习内容丰富多彩，师资力量雄厚，请到国家级时尚设计行业的资深专家，“非遗”传承人，以及名校名企成功人士，整个培训下来，我受益匪浅，既开阔了视野，又提升了专业综合素质。通过现场学习和实地调研，使我进一步认识到蒙古族传统服饰制作技艺继承和学习的重要性和使命感。在了解了这些制作技艺的基础上为我之后的设计提供了丰富的创作灵感和手段。

作品名称：

《赤炎》

设计说明：

藏蒙式召庙的建筑风格以及佛画唐卡的强烈色彩对比激发《赤炎》系列舞台礼服的设计灵感。设计亮点为大胆的火焰红配色和设计感较强的腰带造型，直观的设计语言给人犹如火焰般热情奔放的活力，以此来表现蒙古族女性勇敢、热情的美好品质。

郑国华

内蒙古艺术学院设计学院服装与服饰设计系教师
北京服装学院服装艺术与工程学院服装设计与工程专业硕士

2012 年 7 月 ~ 2013 年 4 月担任乔丹体育用品有限公司技术部助理 3D 工程师，
2013 年 4 月 ~ 2014 年 9 月担任北京众智京鹭信息技术有限公司 3D 工程师，
2016 年 8 月论文《服装广告认同度调研分析》发表于《纺织科技进展》，
2017 年 3 月 ~ 2017 年 8 月担任北京高等教育出版社中职事业部助理编辑，
2019 年 5 月获得第十届国际大学生时尚设计盛典优秀指导教师奖，
2019 年 6 月获得第三届国青杯艺术设计作品大赛优秀指导教师奖。

学习感悟：

服饰文化是传统文化的重要标识，其中蕴含着悠久的历史、深厚的文化和思想。通过本次培训系统梳理了传统蒙古族服饰的造型、图案、工艺等知识，学习和讨论了传统服饰设计及创新的研究方法，考察了博物馆、蒙古族服饰品牌，与非物质文化遗产传承人面对面交流，聆听了企业行业专家、学者、著名设计师在传统服饰的当代传承与创新设计实践中的经验。通过大量的理论学习和实践训练，打开了设计思维的新视角，转换了观念，使自己在以后的教学、科研和设计实践中有了新的思路和发展方向。

作品名称：

《和》

设计说明：

作品《和》有感于草原文化特色鲜明、内涵丰富的文化形态，以浓郁的绿色展现了蒙古族与生态环境的和谐共融。泡泡袖与马蹄袖保留了传统蒙古族服饰的造型特点，鱼尾裙与多片裙则借鉴了现代礼服的结构设计；裙身腰臀部位设计有云纹盘花图案，云纹以珠绣装饰，在一颦一动中展示草原女子的灵动与洒脱；天然丝织物与顺色薄纱的搭配带来和谐的视觉效果，服饰整体彰显了草原民族不同于其他民族的精神特质。

施芮

昆明冶金高等专科学校艺术学院教师
西南林业大学艺术设计学专业硕士

2016 年 9 月成立“编织设计实训室”，为昆明怡泰祥珠宝公司和昆明佩禧公司等多家企业提供编织成品和制作少数民族手工艺品，
在第二届中老越国际丢包狂欢节中获得“哈尼族服饰设计大赛”优秀奖，
2017 年 11 月作品《花语》获得中国传统民艺再生珠宝配饰大赛入围奖。

学习感悟：

首先，要感谢国家艺术基金对此次项目的资助，使我有幸参加培训，同时感谢各位老师的悉心指导。

蒙古族礼服传统制作技艺种类多样，富有深厚的文化内涵和艺术底蕴。通过集中授课和实地调研，使我进一步认识到蒙古族传统服饰制作技艺继承和发展的重要性和紧迫感。蒙古族服饰设计应该在继承的基础上进行创新实践。对于从事珠宝设计与制作专业的我来说，深受启发，产生了探索蒙古族服饰设计元素与珠宝设计两者之间的切合点的兴趣，相关研究详见论文《蒙古族服饰元素在珠宝首饰设计中的应用》。

作品名称：

《苞》

设计说明：

作品《苞》灵感来源于月见草，这种苞片叶状的植物在草原上尤为常见，又名晚樱草、夜来香。本系列设计的主色调为月见草衣身颜色——粉色，运用白色加以调和，来体现少女的纯真。在服装制作中采用了蒙古族服装的传统制作工艺，如镶边、盘扣等。服装的廓型犹如月见草花开的样子，表达了女子内敛的爱意和娇羞的情感。

澈力木格

内蒙古社会科学院草原文化研究所助理研究员
内蒙古大学艺术学院艺术学硕士

参与编纂并出版发行专著《非物质文化遗产的旅游开发研究》，
参与内蒙古民族文化工程课题《巴林右旗蒙古族婚俗文化变迁调研》《扎鲁特旗蒙古族服饰变迁研究》，
参与内蒙古自治区课题《蒙古族游牧文化与“中蒙俄”畜牧业与生态合作研究》。

学习感悟：

蒙古族服饰文化灿烂多彩，传统手工技艺精湛而多样。通过这次培训学习，我对蒙古族服饰文化和手工技艺有了更加系统的了解，对民族服饰传统内涵的理解更加透彻，对创新设计的方向也更加明确。感谢每一位良师益友，感谢每一位工作人员，感谢国家艺术基金提供的学习机会。

作品名称：

《希望》

设计说明：

作品《希望》沿用传统巴尔虎部落服装样式，同时融入蒙古族其他部落服饰的装饰手法。款式分为内袍和马甲两部分，内袍采用传统巴尔虎已婚妇女的泡泡袖造型，马甲下摆呈四片，运用传统镶绲工艺进行饰边装饰，宽窄变化和色彩对比增加了服装的层次性和节奏感。主色调选用红、绿、蓝经典色系，更显端庄大气，同时运用黑色、金色等间色加以调和，视觉上达成统一。

张学沛

内蒙古工业大学轻工与纺织学院教师
内蒙古工业大学轻工与纺织学院中国少数民族艺术专业硕士

2013 年 6 月获得绚丽年华第六届全国美育成果展评学生组一等奖、三等奖，
2013～2014 年获得内蒙古工业大学研究生学业二等奖学金，
2015 年 7 月获评内蒙古工业大学“三好学生”，
2019 年 5 月参与内蒙古信泰实业有限公司横向课题“草原文化校园服饰创新设计研究”，
2019 年 7 月参与内蒙古自治区哲学社会科学规划重点项目“互联网 + 蒙古族服装个性化定制运营模式的研究”。

学习感悟：

很荣幸参加本次培训学习，通过此次培训让我更加发觉蒙古族的服装拥有其独特的魅力。老师们在此次培训中，从蒙古族所拥有的悠久历史以及深厚文化入手，令我们充分地认识并了解了蒙古族服饰发展历程及其特征，为日后进行服装设计提供了理论支撑。另外，老师还充分地结合蒙古族传统造型展开民族服装的设计工作，使蒙古族传统服饰得到了更好的发展，令它拥有更加广阔、良好的发展空间。

作品名称：

《秋茵》

设计说明：

作品《秋茵》灵感来源于锡林郭勒大草原的秋景，提取了秋天草原的颜色，蒙古袍袍身主体采用深绿色，镶边采用姜黄色。服装款式借鉴了锡林郭勒盟察哈尔部落传统的蒙古族袍服结构，袍服较合体，整体造型干净利落，领型为弧形立领，领子较高，设有气口。门襟边角为直角形和圆弧形，袖型借鉴了元朝时期蒙古袍服的袖型，领子、气口、门襟及袖口等部位均有多道镶边装饰，同时运用了传统蒙古族袍服的九道盘扣。整体的设计体现出锡林郭勒盟秋天草原无尽的深邃。

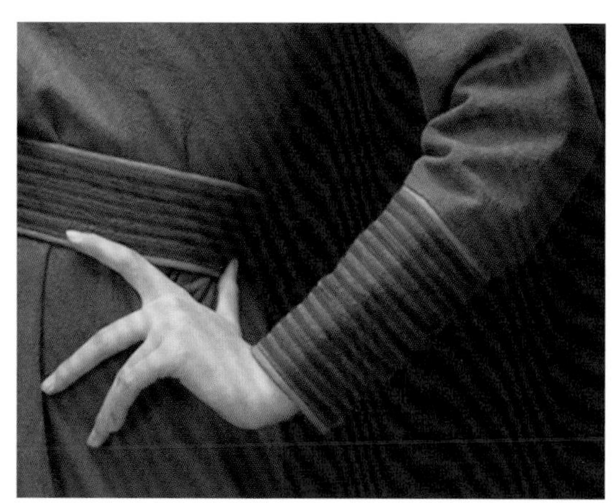

才文措

青海艾达慕服饰创始人兼设计师

2015～2016 年跟随蒙古国民族服饰制作手工艺人学习蒙古族服饰制作技艺，
2016 年至今在青海省西州德令哈市经营蒙古族服饰店，设计制作蒙古族服饰，
2019 年 1 月设计作品《德都蒙古族传统皮袄》获得苏尼特左旗第二届“银冬”少儿传统那达慕服饰赛第一名。

学习感悟：

感谢国家艺术基金和内蒙古艺术学院提供的这次学习机会，让我对蒙古族服饰文化、传统手工艺有了更深层次的、系统的认识，同时也打开了我对设计的理解。通过培训和交流，我也发现了自己的不足之处，愿今后有更多机会参与这样的学习！

作品名称：

《青海湖》

设计说明：

作品《青海湖》保留了青海地区蒙古族长袍的基本特点，袍身肥大，袖长，下摆不开衩。色彩运用蒙古族偏爱的白色来诠释主题，白色是乳汁的颜色，象征着纯洁、善良和美好。门襟、侧缝和底摆处采用传统刺绣图案进行装饰。

蒙古族礼服制作技艺传承与创新设计人才培养

内蒙古艺术学院・国家艺术基金项目

Postscript

后　记

内蒙古艺术学院作为2019年国家艺术基金项目“蒙古族礼服制作技艺传承与创新设计人才培养”的主体单位，在项目执行过程中，深入贯彻党的十九大精神、习近平新时代中国特色社会主义思想和习近平关于教育论述的重要思想，依托内蒙古自治区丰富的民族艺术资源和深厚的民族文化积淀，以民族优秀传统文化的传承与创新转化为导向，以培养高水平德艺双馨艺术人才为目标，努力把握此次人才培养项目的方向、高度与质量。

本项目以培养能够弘扬蒙古族服饰传统文化、传承蒙古族礼服制作技艺、具有一定创新能力、服务于我国民族服饰产业发展的专业人才为主要任务。培训课程以理论学习与研讨、制作技艺传授、创新设计实践、艺术考察相结合的方式，引导学员在强化学习蒙古族服饰传统文化与制作技艺的同时，掌握蒙古族现代服饰的创新设计方法。课程内容体现灵活性、多样化特点，注重“非遗”传承人和独立设计师经验的直接传授，拓展了参培学员的艺术视野，提升了学员们的创新设计能力。

通过培训，学员们对蒙古族礼服制作技艺的传承和创新应用有了较准确与全面的认识，掌握了传统技艺与创新设计有机融合的设计手段，提升了创新实践能力，促进了蒙古族传统服饰非物质文化遗产在当下的活态传承。

相信我们今天的努力将会对学员们未来事业的发展有一定帮助，也会助力内蒙古艺术学院在今后发扬传统与传承创新民族艺术之路上更好地前行。

我们将以本次国家艺术基金项目为契机，继续推动蒙古族服饰制作技艺传承与创新应用事业的发展，我们相信，本项目的研究成果将对传承与发展以蒙古族为代表的北方少数民族优秀传统服饰文化带来重要的学术价值和现实意义。

范秀明

2020年10月